四川省"十二五"普通高等教育本科规划教材

实变函数论新编

（修订版）

魏　勇　叶明露　编著

科学出版社

北京

内容简介

全书分为三章：第一章"集合论基础与点集初步"介绍了集合的概念、运算、势，讨论了 R^n 中集合的特殊点和特殊集及其性质；第二章"可测集与可测函数"介绍了可测集与可测函数的概念，讨论了各自具有的性质和相互关系，为改造积分定义作必要的准备；第三章"Lebesgue 积分及其性质"定义了 Lebesgue 积分，并讨论了 Lebesgue 积分的性质.

鉴于学时所限，同时为了培养学生的自学能力，让学生通过学习"实变函数"更多体会数学创新方法，本书提供了附录供学生自学，也便于教师概略性地选讲.

本书的适用对象为数学与应用数学专业本、专科学生. 因本书注重挖掘"实变函数"中数学创新思维与初等数学或日常思维的联系，因而尤其适宜师范院校数学专业本、专科学生使用.

图书在版编目（CIP）数据

实变函数论新编/魏勇，叶明露编著. —北京：科学出版社，2010
 ISBN 978-7-03-028296-5

Ⅰ. ①实… Ⅱ. ①魏…②叶… Ⅲ. ①实变函数论-高等学校-教材 Ⅳ. ①O174.1

中国版本图书馆 CIP 数据核字（2010）第 133886 号

责任编辑：宋　芳　袁星星／责任校对：马英菊
责任印制：吕春珉／封面设计：东方人华平面设计部

科学出版社 出版
北京东黄城根北街 16 号
邮政编码：100717
http://www.sciencep.com

北京中科印刷有限公司印刷
科学出版社发行　各地新华书店经销
*

2011 年 1 月第　一　版　开本：B5（720×1000）
2022 年 3 月修　订　版　印张：9 1/2
2022 年 3 月第十次印刷　字数：189 000
定价：32.00 元
（如有印装质量问题，我社负责调换〈中科〉）
销售部电话 010-62136230　编辑部电话 010-62135927-2047

版权所有，侵权必究

修订版前言

《实变函数论新编》自 2011 年 1 月出版以来,受到广大院校的普遍欢迎,许多读者对该书提出了诸多宝贵意见和建议. 在汇总众多意见和建议后,我们组织了修订. 本书是《实变函数论新编》的修订版,其具体修改主要体现在以下几个方面.

1) 更正了已发现的个别字、词、符号等错误.

2) 修正了个别命题证明的欠妥之处.

3) 为了使内容衔接更加自然合理,更有利于学生理解消化,调整了部分概念与命题的先后顺序,补充了部分相关命题.

4) 结合作者近年来在该学科的理论研究与教学成果,丰富、完善了本书的内容体系,主要体现在以下三点:

① 通过增加集合列的上(下)极限集与其子列的上(下)极限集的关系来简化一些复杂集合列的上(下)极限集的计算(见第一章第一节末).

② 给出了黎斯定理之逆定理、勒贝格定理、叶果洛夫定理在测度无限条件下成立的充分必要条件(见附录 3).

③ 证明了任意勒贝格可积函数之积分值都可以表示成一个与 f 相关的另一黎曼可积函数的黎曼积分值,从新视角揭示了勒贝格积分与黎曼积分的关系(见附录 4).

在《实变函数论新编》的出版及推广过程中,尤其应该感谢的是重庆大学穆春来教授,温州大学王义闹教授,四川师范大学蒲志林教授,成都信息工程学院杨光崇教授,西华大学陈广贵教授,四川文理学院罗肖强教授、汤兴政博士,西华师范大学何中全教授、王庆平副教授、郭科博士. 他们在给予热情鼓励的同时,还以多种方式给予了悉心指点. 正是基于他们的帮助,我们在教学和理论方面的研究才得到丰富和完善,使作者主讲的"实变函数论"课程于 2012 年被评为四川省省级精品资源共享课程,《实变函数论新编》于 2014 年入选四川省省级规划教材,在此表示深切的感谢. 同时,我们也为初版中的一些不成熟之处给各位老师、同学带来的烦扰表示诚挚的歉意.

最后,期盼各位读者对本书仍然存在的不足不吝赐教.

魏 勇 叶明露

2021 年 11 月

第一版前言

作者于 1982 年开始教授"实变函数论"(以下简称"实函")习题辅导课，1986 年起主讲"实函"课程，先后使用过多种教材，学生都有一种共同的感觉，"实函"内容深奥难学，方法多变莫测，再加之扩招以后生源多元化，学生水平参差不齐，对各门课程均感觉困难的学生越来越多，因此师范院校部分师生认为："'实函'太难，与中学无关，应该砍！"针对这一现实，结合师范院校学生的使命及特点，作者早就想写一本介于"实函"教材和"数学思维方法论"教材之间的读物，以达到既能系统传授"实函"知识，又能以该学科知识为载体，还原数学家在当时知识背景下的原始创新过程，剖析定义的引入、方法的产生、定理的发现等过程的自然性，即展示数学创新思维方法的目的.

本书基于上述理念作了初步尝试. 例如，通过建立 1-1 对应比较元素个数多少时学生感觉非常抽象和深奥，就将其与原始人在只能数 1、2，无法数到 3 及其以上时，将 3 个及其以上统统称为"许多"的情况下，利用"你给我一个苹果我才给你一个梨子"，即"以一换一"保证自己"不吃亏"或"不亏欠"别人的方法进行对比，使学生加深了对方法的自然性、合理性的理解；又如，在中学"不包含任一端点的区间叫开区间，包含所有端点的区间叫闭区间"的概念基础上，首先将"端点"自然平移为一般集合的"边界点"，然后称"不包含任一边界点的集合为开集，包含所有边界点的集合为闭集"，增强了"开集""闭集"概念与中学"开区间""闭区间"概念的衔接性，减少了抽象性；再如，依据研究测度理论的目的是"将'体积'概念从区间拓广到一般集合"，于是将区间的测度直接规定为"体积"，由于开集可以表示成互不相交的区间之并，故可以规定开集的"体积"就是这些区间"体积"之和，对于不规则集合 E 可以用包含 E 且与 E 接近的规则集合——开集的"体积"取而代之，然而包含 E 且与 E 接近的开集并非唯一，为了保证取代值的确定性产生了用"最小"的念头，但无限集中最小者不一定存在，于是不得已利用了"下确界"概念，合理地还原再现了外测度概念的创新过程.

对于有些问题仅仅还原为原始创新过程是不够的，还必须随着研究的深入、新结果的发现而与时俱进. 例如，在介绍 Lebesgue 积分针对 Riemann 积分弊病对症下药的新思路后得出结论：究竟哪些函数能保证形如 $E[b > f \geqslant a]$ 的集合可以求测度是问题的关键，而 $E[b > f \geqslant a] = E[f \geqslant a] - E[f \geqslant b]$，所以问题又转化为研究哪些函数能保证形如 $E[f \geqslant a]$ 的集合可测,这就是传统教材的可测函数定义. 随着对新积分性质研究的深入,发现 Lebesgue 积分的几何意义是函数图像与定义域所在"坐标平面"围成的上、下方图形"体积"之代数和,于是改变积分定义的关键就转化为研究哪些函数的上、下方图形为可测集,就可以通过 f 上、下方图形可测来定义函数 f 可测,进而产生积分新定义

$$\int_E f \mathrm{d}x = mG_{(f^+, E)} - mG_{(f^-, E)}$$

其中,$mG_{(f^+, E)}$,$mG_{(f^-, E)}$ 至少一个有限.

这种定义强化了积分结果的几何意义,虽然对 Lebesgue 积分与 Riemann 积分分割、求和、取极限一脉相承的联系有所弱化,但在对 Lebesgue 积分计算步骤及计算技巧的探讨中得到了弥补.

概念的产生如此,定理结论的发现也类似,лузин 定理从形式上看感觉抽象,证明过程复杂冗长,学生自然要问:这么复杂的东西,лузин 是如何想到的? 作者试图采用合乎逻辑的推理、猜测、想象还原 лузин 定理被发现的背景:当人们通过众所周知的 Dirichlet 函数在[0,1]上处处间断,去掉[0,1]中有理数集后,每点相对无理数集连续,就自然联想到对于一般可测函数而言是否都是去掉一个恰当的零测度集后就相对连续呢? 遗憾! 探索过程中发现了反例,于是只有退而求其次得到一个更弱的结果:"对 $\forall \varepsilon > 0$,$\exists$ 闭集 $F_\varepsilon \subseteq E$ 满足 $m(E - F_\varepsilon) < \varepsilon$,$f$ 在 F_ε 上相对连续",这便是著名的 лузин 定理.

新概念的提出与新结果的产生是截然不可分割的,往往交替出现,且互为因果,如 Riemann 积分与极限交换顺序有一个"一致收敛"的苛刻条件,欲去掉这个苛刻条件并非易事,因为 Dirichlet 函数

$$D(x) = \sum_{i=1}^{\infty} f_i(x) = \lim_{n \to \infty} F_n(x)$$

其中,$F_n(x) = \sum_{i=1}^{n} f_i(x)$,且

$$f_i(x) = \begin{cases} 1 & x = r_i \\ 0 & x \neq r_i \end{cases}$$

其中 $\{r_1, r_2, r_3, \cdots\}$ 为[0,1]中有理数全体. 虽然所有 $f_i(x)$、$F_n(x)$ 都间断点有限,从而 $f_i(x)$、$F_n(x)$ 都是(R)可积函数,但其极限、无穷和 $D(x)$ 却不再是(R)可积函数,其根本原因仍然在于 Riemann 积分定义条件太苛刻. Lebesgue 通过对积分定义的改造去掉了苛刻条件,拓广了可积范围,当每个 $f_i(x)$、$F_n(x)$(L)可积时,可以证明 $f_i(x)$ 的无穷和,即 $F_n(x)$ 的极限 $D(x)$ 也(L)可积.

于是在几乎处处收敛意义下即可获得 Levi 定理、Lebesgue 逐项积分定理、Lebesgue 控制收敛定理. 但人们不满足于这点收获, 还想扩大战果, 不局限于去掉"一致收敛"中的"一致"二字, 还想拓展"收敛"二字的内涵, 具体如何拓展呢? 可先从集合论角度对"一致收敛"的实质进行剖析:

$$f_n \xrightarrow{n\to+\infty} f \Leftrightarrow \forall \sigma > 0, \exists N, 当 n > N 时, 有 E[|f_n - f| \geq \sigma] = \varnothing$$

这里要求当 $n > N$ 时, 有 $E[|f_n - f| \geq \sigma] = \varnothing$ 显然很苛刻. 能否将 $E[|f_n - f| \geq \sigma] = \varnothing$ 改为 $mE[|f_n - f| \geq \sigma] = 0$, 甚至放得更宽一点, 不仅允许 $E[|f_n - f| \geq \sigma] \neq \varnothing$, 而且允许 $mE[|f_n - f| \geq \sigma] > 0$, 且只要求 $mE[|f_n - f| \geq \sigma] \to 0 \ (n \to +\infty)$ 呢? 这就导致了依测度收敛这个全新概念的产生. 将 Lebesgue 控制收敛定理中的收敛拓展为依测度收敛后就必然大大提高了 Lebesgue 积分操作的灵活性. 诸如此类在系统传授知识的同时展示数学创新思维方法的例子随处可见, 在此不一一列举.

"实函"课程应集中展示数学思维方法论, "通过有限把握无限, 通过简单把握复杂, 通过具体把握抽象"是数学这门学科中分析问题和解决问题的普遍思维方法. "通过有限把握无限"虽然已在"数学分析"的极限、级数、积分理论中有充分体现, "实函"将可以通过有限把握的无限与不可以通过有限把握的无限, 区分为可数无限与不可数无限, 测度可加性仅限于有限或可数无限, "无限个0之和仍然是0"必须在"无限"前加条件"可数"限制. 将测度理论用于概率时, 即"零概率事件不一定是不可能事件, 不可数无限个零概率事件之并有可能组成必然事件". "通过简单把握复杂, 通过具体把握抽象"更应是"实函"从多角度反复体现的基本内容, 众多结构定理便是理论保证, 如开、闭集结构定理保证通过区间把握开集、闭集, 可测集构造定理保证先通过开集、闭集把握 G_δ、F_σ 型集, 然后通过 G_δ、F_σ 型集把握可测集, 可测函数结构定理保证通过简单函数把握非负可测函数, 通过非负可测函数把握一般可测函数, 有界变差函数的结构定理保证通过对单调函数把握有界变差函数.

Лузин 定理的证明过程具有"通过简单把握复杂, 通过具体把握抽象"的典型性和代表性. 先证对简单函数结论成立, 然后在测度有限条件下通过简单函数极限逼近非负可测函数证结论成立, 接着将正部、负部两个非负可测函数之差表示为一般可测函数证结论仍然成立, 最后将测度无限集分解成可数个互不相交的测度有限集, 并予以各个击破. 直接积的测度定理、积分可加性证明、截面定理、"不定积分的导函数刚好是被积函数"定理本身和引理的证明均为类似方法.

总之，无论是概念、命题的引入，还是各种结论的论证，本书都力图从最简单的实例出发，阐明抽象概念的原始形态及其发展演化过程，对复杂命题的证明注重解决问题的层层递进思路，让学生感悟数学的思维方式.

"实函"课程建设与教学改革一直得到西华师范大学和四川省教育厅的高度重视和支持. 1990 年"实函"获四川师范学院（现西华师范大学）基础课程评估一等奖，2000 年"实变函数论课程体系与教法改革"获四川师范学院教学成果二等奖，2003 年"实函"被评为西华师范大学精品课程，2004 年"实函"被评为四川省省级精品课程，并以本课程改革成果作为"挖掘数学思想方法，提高学生数学素养"的重要组成部分，2005 年"实函"课程获四川省政府教学成果二等奖，2009 年"实变函数分层教学策略与教改探索"获四川省教学成果二等奖. 本书的出版得到了四川省教育厅精品课程建设项目和西华师范大学优秀教材出版基金的资助.

本书的形成与完善得益于我校数学与信息学院的众多老前辈和同仁的帮助、指点，如从作者担任助教开始，顾永兴、陈国先、邓坤贵等老师对如何处理"实函"教材给予了多方面的示范和指导，在形成讲义初稿后承蒙王庆平、何中全老师的试用，在试用过程中老师和同学都提出了许多宝贵的修改意见，借此机会向这些老师、同学表示衷心的感谢，感谢他们为本书日趋成熟所做的贡献.

本书尽力将作者所在教学团队实践中的系列教学探索结果融入其中，同时吸收了众多优秀教材的精华，书中许多直观示意图由陈友军、李俊杰等老师帮助完成，在此向各位原创作者表示衷心感谢.

由于本人才疏学浅，未能完全实现初衷，以上尝试可能导致了非驴非马、不伦不类的局面，故在敬请各位同仁海涵的同时，也期盼各位同仁不吝赐教，以便进一步完善教材结构和内容.

魏 勇

2010 年 8 月

于西华师范大学

目　　录

绪论 ··· 1

第一章　集合论基础与点集初步 ··· 8
第一节　集合概念与运算 ··· 8
第二节　集合的势、可数集与不可数集 ··· 17
第三节　无最大势定理与 Contor 连续统假设 ··· 27
第四节　R^n 空间 ·· 28
第五节　R^n 中几类特殊点和集 ·· 31
第六节　R^n 中有界集的几个重要定理 ··· 36
第七节　R^n 中开集的结构及其体积 ··· 39
习题一 ··· 44

第二章　可测集与可测函数 ··· 47
第一节　外测度定义及其性质 ··· 47
第二节　可测集定义及其性质 ··· 48
第三节　可测集的结构 ·· 53
第四节　可测函数定义及其性质 ·· 57
第五节　可测函数列的几种收敛及其相互关系 ·· 62
第六节　可测函数的结构 ··· 68
习题二 ··· 76

第三章　Lebesgue 积分及其性质 ·· 78
第一节　Lebesgue 积分的定义及其基本性质 ··· 78
第二节　Lebesgue 积分的极限定理 ··· 88
第三节　Lebesgue 积分的计算技巧 ··· 93
第四节　Fubini 定理 ·· 98
第五节　单调函数与有界变差函数 ·· 103
第六节　绝对连续函数 ··· 108
第七节　微分与积分 ·· 110

| 习题三 | 114 |

附录 ... 118
- 附录 1　不可测集的构造 ... 118
- 附录 2　单调函数的可微性证明 ... 120
- 附录 3　任意测度下的 Eropob 定理、Lebesgue 定理和 Riesz 逆定理 ... 125
- 附录 4　从新视角看 Lebesgue 积分与 Riemann 积分的关系 ... 128
- 附录 5　可测集合、可测函数定义演变过程追踪 ... 131
- 附录 6　一般集合的抽象测度与抽象积分简介 ... 136

参考文献 ... 140

绪　　论

一、"实变函数论"的内容

顾名思义，"实变函数论"即讨论以实数为变量的函数．这样的内容早在中学就已学过，中学学的函数概念都是以实数为变量的函数，大学的数学分析、常微分方程研究的也是以实数为变量的函数，那么"实变函数论"还有哪些内容呢？简单地说，"实变函数论"只做一件事，那就是恰当地改造积分定义，使得更多的函数可积，使得积分的操作更加灵活．

何以说明现有的积分范围狭窄呢？因为像 Dirichlet 函数

$$D(x) = \begin{cases} 0 & x \text{ 为}[0, 1] \text{ 中的无理数} \\ 1 & x \text{ 为}[0, 1] \text{ 中的有理数} \end{cases}$$

这种形式极为简单的函数按现有积分定义也不可积，所以我们有足够的理由认为现有可积范围确实太狭窄．

如何改造积分定义来达到拓广积分范围的目的呢？让我们先剖析一下造成这一缺陷的根本原因在何处，只有先找准病根，才能对症下药．由数学分析知：对任意分划 $T: a = x_0 < x_1 < x_2 < \cdots < x_n = b$，由于任意一个正长度区间内既有有理数又有无理数，于是关于 Dirichlet 函数 $D(x)$ 在 $[0, 1]$ 上的大小和之差恒有

$$S(T, D) - s(T, D) \equiv 1 - 0 \equiv 1 \nrightarrow 0$$

从而不可积，如果分划不是很呆板，不需苛刻地要求一定要分成区间的话，还是有可能满足大小和之差任意小的．比如，只要允许将函数值为 1 的有理数分在一起，将函数值为 0 的无理数分在一起，那么大小和之差就等于零了．法国的著名数学家 Lebesgue 就抓住这个着眼点，首先让分划概念更加广泛，更加灵活，从而允许将函数值接近的点分在一起，以保证大小和之差任意小．即

$$D: E = \bigcup_{i=1}^{n} E[y_{i-1} \leqslant f < y_i]$$

其中 $m \leqslant f < M$, $m = y_0 < y_1 < \cdots < y_n = M$ 时，要

$$S(D, f) - s(D, f) = \sum_{i=1}^{n} [y_i - y_{i-1}] mE[y_{i-1} \leqslant f < y_i] \leqslant \max_{1 \leqslant i \leqslant n}[y_i - y_{i-1}] mE < \varepsilon$$

只需取 $\max\limits_{1 \leqslant i \leqslant n}[y_i - y_{i-1}] < \dfrac{\varepsilon}{mE + 1}$，而 $y_i - y_{i-1}$ 正是新思维下可以人为控制的重要因素，这里 $mE[y_{i-1} \leqslant f < y_i]$ 相当于集合 $E[y_{i-1} \leqslant f < y_i]$ 的长度．

虽然思路非常简单，但实现起来并非易事．因为 $E[y_{i-1}\leqslant f<y_i]$ 可能很不规则，如何求 $mE[y_{i-1}\leqslant f<y_i]$ 呢？这就是一般集合的测度问题，即测度理论本来是为了推广长度、面积、体积概念到一般集合，然而在实施过程中却使我们非常遗憾，我们无法对直线上所有集合规定恰当测度同时满足两点最基本要求：① 落实到具体区间的测度就是长度，即测度确为长度概念的推广；② 总体测度等于部分测度之和，即可列可加性成立．只能对部分集合规定满足这两点基本要求的测度，这一部分集合便是所谓的可测集．那么哪些函数才能保证形如 $E[y_{i-1}\leqslant f<y_i]$ 的集合均为可测集合呢？由于 $E[y_{i-1}\leqslant f<y_i]=E[f\geqslant y_{i-1}]-E[f\geqslant y_i]$，于是我们采用"对 $\forall a$，有 $E[f\geqslant a]$ 可测"作为函数 f 在 E 上可测的定义．先研究集合可测性，然后通过研究系列集合 $E[f\geqslant a]$（$\forall a$）是否均可测来研究函数可测性及其性质，这就是第二章内容——可测集与可测函数．

有了以上准备之后，才根据前述思路对可测集 E 上定义的可测函数先定义大（小）和

$$S(D,f)=\sum_{i=1}^n y_i mE[y_{i-1}\leqslant f<y_i],\quad s(D,f)=\sum_{i=1}^n y_{i-1}mE[y_{i-1}\leqslant f<y_i]$$

然后规定 $\inf_D S(D,f)$，$\sup_D s(D,f)$ 分别为 f 在 E 上的上、下积分值．当上、下积分值相等时，将其公共值定义为积分值，然后从多角度讨论积分性质．

Lebesgue 基于对直观集合概念的深刻洞察，放弃了对函数定义域进行直接分割进而求和的方法，转而通过对函数值域进行分割以达到对定义域间接分割的目的，然后再求和．这既是法国著名数学家 Lebesgue 在 20 世纪创立新型积分的原始思路，也是传统的"实变函数论"介绍 Lebesgue 积分定义的普遍方法．

鉴于人们在研究可测函数时的发现：可测函数的本质特征是正、负部函数的下方图形均为可测集．结合 Riemann 积分的几何意义的启发，本教材直接规定其测度之代数和为积分值，当然要以代数和存在为前提，即必须加条件避免 $\infty-\infty$．最后通过对新旧积分范围的比较、新积分的计算技巧探讨，以及对新积分对非负可测函数积分几乎无条件满足函数可列可加，集合可列可加，积分与极限交换顺序可以将一致收敛放宽到几乎处处收敛或依测度收敛等系列性质的证明，经检验实现了预期目标：可积范围更加宽阔，运算操作更加灵活．这就是本教材第三章内容——Lebesgue 积分及其性质．

测度理论所度量的对象是集合，尤其是多元函数定义域所在空间 $\mathbf{R}^n$ 的子集，因此在研究可测集与可测函数之前，有必要先介绍集合初步知识与常见点集及其结构、性质，这就是第一章内容——集合论基础与点集初步．

二、"实变函数论"的特点

由以上叙述可以看出"实变函数论"内容单纯，学习起来应该简单，然而实际情况却大相径庭，各届同学都感到学习"实变函数论"有一定困难．原因在何处呢？从学生反映意见看集中在以下三点．

1）"实变函数论"高度抽象，防不胜防．

抽象到什么程度呢？有人用八个字概括为："似是而非，似非而是"，并有例为证．

例1 若许多同学站成一列，且男女生交叉排列，任意两个男生中间有女生，任意两个女生中间有男生，在其中任取一个片段，男女生的个数关系无非只有三种可能：或男女生一样多，或男生比女生多一个，或女生比男生多一个．也就是说，在任一片段中男女生个数似乎至多相差一个．与直线上的有理数、无理数排列表面看来很类似，任意两个有理数中间有无理数，任意两个无理数中间有有理数，在直线上任取一节线段，有理数、无理数的个数似乎无非只有三种可能：或有理数、无理数一样多，或有理数多一个，或无理数多一个．也就是说，在任一片段中有理数、无理数个数似乎至多相差一个．但严密的逻辑推理告诉我们：这种说法是完全错误的．事实上，有理数相对无理数而言少得多．少到什么程度呢？即使是以有理数开头、有理数结尾这样对有理数最有利的情形，有理数与无理数相比也是微不足道的，"有它不多，无它不少"，即去掉有理数后的无理数居然还与所有实数一样多，这就是所谓的"似是而非"．

例2 有理数在直线上密密麻麻，自然数在直线上稀稀拉拉．如果在学习"实变函数论"以前有人说自然数与有理数一样多的话，谁也不会承认，而"实变函数论"却严密论证该结论无可非议，这就是所谓的"似非而是"．

2）"实变函数论"的定理、定义、引理、推论多，例题少，计算内容少，理论性强．

理论性强是由"实变函数论"的内容结构所决定的，因它只做一件事：恰当地改造积分定义，使得更多的函数可积．这就使"实变函数论"的绝大部分篇幅只是在做理论上的准备，而很少有应用、例题．但从另一个角度来讲，"实变函数论"的习题几乎全是证明题，而定理、引理、推论的证明本身就是一些典型的示范性的例子．

3）"实变函数论"对近代数学方法有较多体现，并对数学创新思维从多角度进行训练．

可测函数可以表示成简单函数、连续函数的极限，于是由简单函数全体到可测函数全体的扩充,由连续函数全体到可测函数全体的扩充,完全类似于"泛函分析""拓扑学"中度量空间、拓扑空间的完备化.

可测集合族对"交""并""余""差""上极限""下极限""极限"运算的封闭性,可测函数对"加""减""乘""除""最大值""最小值""上确界""下确界""上极限""下极限""极限"运算的封闭性类似于近世代数中对"群""环""域"等代数结构的研究.

基于各种结构定理(如开集结构、可测集结构、可测函数结构、有界变差函数结构等定理)和各种运算封闭性的证明和应用,对"通过有限把握无限,通过简单把握复杂,通过具体把握抽象"等共通性数学方法作了全方位、多角度的示范.

因此,学好"实变函数论"不仅有利于后继各门课程的学习,也有利于对初等数学思维方法的训练和引导.

三、学习"实变函数论"的方法

针对"实变函数论"的特点,下面介绍几种学习本门课程较为有效的方法.

1) 由于"实变函数论"高度抽象、理论性强,所以对于每一个尚未证明的结论都应持谨慎态度,不能简单类比后就盲目相信或否定,而要经过严格论证或举出反例,否则就有可能出现类似例1、例2的错误.

2) 对于每一个已经证明的结论不仅仅是记住,更重要的是理解其证明思想,只有理解其证明思想才能借鉴其方法. 之所以有人将"可数集并上至多可数集仍为可数集"记得滚瓜烂熟,却无法证明"无限集并上一个至多可数集后其势不变";有人懂得"无限集并上一个至多可数集后其势不变"的证明,却对直接建立$(0,1)$与$[0,1]$之间的1-1对应束手无策,根本想不到要用的是证明定理的思想,而不是其结论本身. 其原因就在于未消化其证明,从而未能达到举一反三的目的. 也有人知道"可数个可数集之并仍为可数集",却不知道反过来如何将一个可数集分解成可数个互不相交的可数集之并,原因也是如此.

3) 尽管凭直观想象可能会出现例1、例2那样"似是而非,似非而是"的结论,但也不能因噎废食. 在对每一个定理、引理、推论作证明之前,都应尽量想象其合理的直观意义. 直观解释虽然不能代替严格的论证,却会给我们的证明思路带来启迪,直观想象永远是数学发现联系、揭示规律、猜测命题的重要依据和行之有效的手段.

4) 既然"实变函数论"是"数学分析"研究内容的扩展,研究方法的改进和完善,那么新旧知识之间就难免存在诸多内在联系. 因此,及时复习相关旧知识可以达到温故而知新的目的,同时要注重体会如何借鉴旧方法来解决新问题的思路，并要特别注意新、旧方法的实质区别，从而把握创新点．

5）注意"下连上串，左顾右盼"．例如，在学习 $\mathbf{R}^n$ 中点与点之间的距离时，请先复习初中学的直线上两点间的距离公式，高中"平面解析几何"学的平面上两点间的距离公式，大学"空间解析几何"学的立体空间中两点间的距离公式，即"下连"，然后浏览本课程的后继课程"泛函分析"的度量空间中距离的相关内容，即"上串"，从而把握距离概念的实质．又如，在学习抽象测度 μ 的定义时，验证概率统计中的概率是一种测度，子集中元素的个数是一种测度，非负可测函数关于任一已有测度在每一子集上的积分都构造出了另一新测度，并思考还有哪些问题实质上是测度论问题，即"左顾右盼"．

6）无论是以个案形式出现的例题解法，还是为主线服务的定理、引理、推论，或者是以本门课程的核心结论体现的方法，如果感觉深奥难懂，就尝试在常规思维中寻找共同或相似之处，尽力使自己感觉方法自然．如果感觉简单、常见，千万别不屑一顾，要尽量将此具体方法通过抽象化、一般化转变成带普遍性的方法，从而通过一门课甚至仅仅只是一个定理、公式的学习，达到掌握一类问题的解决方法之目的．

7）既要注重"顾名思义"，又要切忌"望文生义"．顾名思义有利于理解记忆，有利于已有知识的梳理和融会贯通．但通过"顾名"只能"思义"，不能"生义"．数学是一门非常严谨的学科，所有概念都有严格的逻辑界定，不能凭主观臆测．例如，"几乎"在日常语言中是"差不多"的意思，那么数学中的"几乎处处"成立通过顾名思义理解成"差不多"每处都成立．既然是"差不多"，就应允许有例外点不成立．例外点有多少才算"差不多"呢，是1个、2个，还是有限个、可数个？不能望文生义，必须钻研严格的数学定义．数学没有从例外点的个数（即势）的角度来界定"差不多"，而是从例外点全体的测度角度界定了"差不多"，即"例外点全体的测度为0时"就是严格数学意义下的"差不多"，从而不排除例外点多到 c 势个．一旦有了严格定义就限制了自由发挥余地，就不能说"例外点全体测度非常非常小时也可以称几乎处处成立"．

8）注重内容初步理解后的思路梳理．理顺发展脉搏，注重各概念、命题之间先后顺序、逻辑依承关系，从整体体会、把握、回味"实变函数论"的基本内容与常见思维方法．并立足"实变函数论"，将共性思维方法上升到一般，平移至相关．

9）遇到困难及时与同学讨论，或请老师释疑，不要拖延到问题成堆才来梳理，造成时间紧迫来不及，甚至因问题太多而丧失攻克难关的勇气．

四、本书的几点特色处理

为了实现"写一本介于传统'实函'教材和'数学思维方法论'教材之间的读物"的初衷,本书在保证系统传授"实变函数论"知识的前提下,尽量以该学科知识为载体,通过剖析学科的产生、定义的引入、方法的形成、定理的发现等过程的自然性,还原数学家在当时知识背景下的原始创新过程,多角度地展示数学创新思维方法. 为此,我们主要从以下几个方面进行初步尝试.

1) 将"不含端点的区间称为开区间,包含所有端点的区间称为闭区间"一般化为"不含边界点的集合称为开集,包含所有边界点的集合称为闭集",从而使概念更加直观,便于学生理解其实质的同时,开集与闭集的对偶性等定理证明也被简化.

2) 在过去的"区间体积"概念和"开集构造"理论基础上,引入了开集"体积"概念,为简化测度定义及性质讨论奠定了基础. 用

$$m^*E = \inf\{|G| \mid G 开, 且 G \supset E\}$$ 取代 $$m^*E = \inf\left\{\sum_{i=1}^{+\infty}|I_i| \mid \bigcup_{i=1}^{+\infty} I_i \supset E, I_i 为区间\right\}$$

不仅使测度概念在保证实质不发生变化的前提下,形式上得到简化、直观化,而且使得诸如 $m^*E = |I|$ 等一系列命题的证明过程得到大大简化.

3) 将传统教材中在学习了 Fubini 定理之后才讲的乘积空间测度,提前到紧接着测度的概念和性质讲,保证了在讲可测函数时能证明可测函数的下方图形可测,为直接用非负可测函数下方图形的测度规定其积分值提供了保证.

4) 直接用正、负部函数下方图形的测度之差规定积分值,不仅使得积分概念简单、直观、明了,学生易于接受,同时也使得诸如并集上的积分等于各子集上的积分求和、Levi 定理等一系列命题的证明过程得到大大简化.

5) 对函数列的"一致收敛""近一致收敛""几乎处处收敛""依测度收敛"四者的关系通过图示概括总结,简单、明了、直观、全面.

6) 既注重紧扣"实变函数论"发展主线,又试图使思维活跃的学生在每个知识的枢纽点能浮想联翩. 紧接概念定义和命题证明后的思考与注释,以及答案无标准、不唯一的条件探寻类习题都是为此目的作的尝试.

7) 注重引导"下连上串,左顾右盼",注重"他山之石,可以攻玉"的应用示范. 除了传统教材中已有的利用 Lebesgue 积分性质获得了数学分析中 Riemann 可积的本质特征外,还利用集合势理论获得了概率论中非离散随机变量全体既不只是分布函数连续的随机变量,也不只是再加上所有可能值连续充满某个区间的随机变量,而是"所有可能值全体在承认 Cantor 连续统假设前提下具有连续统的势". 利

用集合势理论获得了随机过程中样本实现远远多于样本函数的重要结论等.

8）既注重知识的传授，又注重数学创新思维的挖掘和点拨，并着力将创新之处归结为常见思维的必然，让学生在欣赏别人创新思维的同时感到创新并不很难，且机遇常在身边. 注重共通性思维方法的提炼，在适当章节对本书中反复出现的共通性方法给予对比、概括、总结，并配置相应习题以便于学生实践、训练.

9）尽管"实变函数论"结论的深刻性已大大超越直观，许多复杂情形根本无法通过直观展现，但这些深刻结论的发现却与直观有着千丝万缕的联系. 因此，本书尝试用较多直观示意图来帮助学生理解新概念和命题，期盼对激发学生创新思维有益处.

10）鉴于学时所限，为了培养学生自学能力，为了让学生通过学习"实变函数论"体会数学创新方法，本书将以下内容以附录形式列出，供学生自学，或供教师概略性选讲.

① 结论重要，细节烦琐，不宜详细讲授，适宜教师介绍条件结论、直观描述含义、概述证明思路的内容，如"不可测集的构造""单调函数的可微性证明"等皆属于此类.

② 发展过程曲折，虽讲授不宜完全重复历史发展轨迹，但了解思维转变、方法逐渐完善的过程对创新不乏启迪和借鉴意义的内容，如"可测集合、可测函数定义演变过程追踪"便是如此.

③ 学科内容的自然扩展与延伸，将具体结论上升到一般理论的内容，如"一般集合的抽象测度和抽象积分"便是如此.

④ 作者对实变函数理论的一些与教学内容密切相关的研究结果，如"任意测度下的Eropob定理、Lebesgue定理和Riesz逆定理"和"从新视角看Lebesgue积分与Riemann积分的关系"便是如此.

总之，编写尝试贯穿于全书，此处不一一列举.

第一章 集合论基础与点集初步

本章先介绍了集合的概念、集合的运算及其规律、集合列的上下极限及其性质；以集合间的一一对应为工具定义了集合的势，讨论两类特殊势的集合——可数集与 c 势集的定义、性质、例子、运算封闭性；证明了无最大势的集合存在，介绍了 Contor 连续统假设及其研究现状．其目的是为研究点集及其测度作必要的准备，当然，它又是众多数学分支的共同基础．

接着针对具体距离空间 $\mathbf{R}^n$ 介绍了距离、极限、邻域、区间、区间体积等基本概念，然后定义内点、聚点、外点、边界点、开集、闭集、自密集、完备集、Contor P_0 集、Contor G_0 集等特殊的点和集．介绍了有界集的聚点原理、有限覆盖定理、距离可达定理、隔离性定理．最后讨论了直线上开集、闭集以及完备集的构造，并在一般 $\mathbf{R}^n$ 空间中研究了开集的构造，且针对 $\mathbf{R}^n$ 空间中开集规定了"体积"．

第一节 集合概念与运算

一、集合的概念

集合是数学中最基本、最简单、最原始的概念之一．它与中、小学已经学习过的点、线、面概念一样，不能由其他已有概念来定义．严格的集合定义只能采用一组公理来刻画，这里只采用下述朴素的说法予以描述．

所谓集合，是指一定范围内研究对象的全体，其中每一个对象称为元素．我们约定用小写字母表示元素，大写字母表示集合．元素 a 在集合 A 中时，记为 $a \in A$，读作 a 属于 A，或 A 包含 a；元素 a 不在集合 A 中时，记为 $a \notin A$，读作 a 不属于 A，或 A 不包含 a．

例 1.1.1 实数全体构成一个集合，常用 $\mathbf{R}^1$ 记之．

n 元实数组全体组成一个集合，用 $\mathbf{R}^n$ 记之．

区间 $[a, b]$ 上连续函数的全体构成一个集合，记为 $C[a, b]$．

E 中满足 $f(x) \geqslant a$ 的所有 x 的全体构成一个集合，记为 $E[f \geqslant a]$．

在一定范围内包含了所有研究对象的集合，称为全集，记为 S．为了形式上的方便，我们引入了不含任何元素的集合，称为空集，记为 $\varnothing$．

集合中的元素具有三条基本性质。① 明确性：即一个元素 a 要么属于 A，要么不属于 A，不能模棱两可；② 互异性：集合中的任意两个元素互不相同；③ 元素与集合的不可含混性：$A \notin A$.

集合的表示方法有两种：一是列举法，二是条件刻画法.

所谓列举法，就是将集合中的所有元素都列举出来，排列于花括号内，通常不同的元素要用逗号"，"隔开，记为
$$A = \{a, b, c, \cdots\}$$

例 1.1.2 $A = \{1, 2, 58, 100.5\}$，$N = \{1, 4, 9, \cdots, n^2, \cdots\}$ 均为列举法表示的集合.

所有有限集和能用通项反映其规律的特殊无限集都可以用列举法表示.

所谓条件刻画法，即通过集合中元素必须且只须满足的条件 p 来定义，记为
$$A = \{x \mid x \text{ 所满足的条件 } p\}$$

例 1.1.3 $[0, 1] = \{x \mid 0 \leqslant x \leqslant 1\}$，$E[f \geqslant a] = \{x \mid x \in E, \text{且} f(x) \geqslant a\}$.

同一集合既可以用列举法表示也可以用条件刻画法表示，如 $\{0, 1\} = \{x \mid x - x^2 = 0\}$.

定义 1.1.1 若两个集合 A、B 所包含的元素完全相同，则称这两个集合相等，记为 $A = B$；若 A 中每一个元素都是 B 的元素，则称 A 是 B 的子集，或称 A 包含于 B，或称 B 包含 A，记为 $A \subset B (A \subseteq B)$ 或 $B \supset A (B \supseteq A)$.

显然，包含关系具有下述性质.

定理 1.1.1 对任意集合 A、B、C，均有：

1) (反身性) $A \subseteq A$；
2) (对称受限性) 若 $A \subseteq B$ 且 $B \subseteq A$，则 $A = B$；
3) (传递性) 若 $A \subseteq B$ 且 $B \subseteq C$，则 $A \subseteq C$.

二、集合的运算

在中学已经学习过任意两个集合 A、B 的交运算 $A \cap B$、并运算 $A \cup B$，现将这两种运算推广到任意多个集合的情形.

定义 1.1.2 设有一簇集合 $\{A_\alpha \mid \alpha \in I\}$，其中 α 是在固定指标集 I 中变化的指标；则由一切 $A_\alpha (\alpha \in I)$ 的所有元素所组成的集合称为这簇集合的并集或和集，记为 $\bigcup_{\alpha \in I} A_\alpha$，即
$$\bigcup_{\alpha \in I} A_\alpha \stackrel{\Delta}{=} \{x \mid \exists \alpha \in I, \text{使} x \in A_\alpha\}$$

例 1.1.4 $A_i = \{i\}$，$i = 1, 2, 3, \cdots$，则有
$$\bigcup_{i=1}^{n} A_i = \{1, 2, 3, \cdots, n\}, \quad \bigcup_{i=1}^{\infty} A_i = \{1, 2, 3, \cdots, n, \cdots\}$$

例 1.1.5 设 $A_i = \{x \mid i-1 \leqslant x \leqslant i\}$，$I$ 为全体实数，$i \in I$，则

$$\bigcup_{i\in I} A_i = (-\infty, +\infty)$$

注 1.1.1 将 I 换为有理数全体、无理数全体、整数全体、非整数全体、代数数全体、超越数全体仍得相同结果.

例 1.1.6 $A_i = \left\{ x \mid -1 + \dfrac{1}{i} \leqslant x \leqslant 1 - \dfrac{1}{i} \right\}$，$I$ 为全体自然数，$i \in I$，则
$$\bigcup_{i\in I} A_i = (-1, +1)$$

定义 1.1.3 设有一簇集合 $\{A_\alpha \mid \alpha \in I\}$，其中 α 是在固定指标集 I 中变化的指标；则由一切同时属于每个 $A_\alpha (\alpha \in I)$ 的元素所组成的集合称为这簇集合的交集，记为
$$\bigcap_{\alpha \in I} A \overset{\Delta}{=} \{x \mid \text{对 } \forall \alpha \in I, \exists x \in A_\alpha\}$$

例 1.1.7 $A_i = \left\{ x \mid 0 \leqslant x \leqslant 1 + \dfrac{1}{i} \right\}$，$i = 1, 2, 3, \cdots$，则
$$\bigcap_{i=1}^{n} A_i = \left[0, 1 + \dfrac{1}{n}\right], \quad \bigcap_{i=1}^{\infty} A_i = [0, 1]$$

例 1.1.8 $A_i = \left\{ x \mid 0 \leqslant x \leqslant i + \dfrac{3}{2} \right\}$，$i = 1, 2, 3, \cdots$，则
$$\bigcap_{i=1}^{n} A_i = \left[0, \dfrac{5}{2}\right], \quad \bigcap_{i=1}^{\infty} A_i = \left[0, \dfrac{5}{2}\right]$$

例 1.1.9 $A_i = \left\{ x \mid -1 - \dfrac{1}{i} \leqslant x \leqslant 1 + \dfrac{1}{i} \right\}$，$i = 1, 2, 3, \cdots$，则
$$\bigcap_{i=1}^{n} A_i = \left[-1 - \dfrac{1}{n}, 1 + \dfrac{1}{n}\right], \quad \bigcap_{i=1}^{\infty} A_i = [-1, 1]$$

定义 1.1.4 设 A、B 是任意两个集合，则由属于 A 而不属于 B 的元素全体所组成的集合称为集合 A 与集合 B 的差集，记为 $A - B$（或 $A \backslash B$），如图 1.1 所示.

特别地，当 $A \supset B$ 时，称 $A - B$ 为 B 相对于 A 的余集，也可记为 $C_A B$；当 A 为全集 S 时，称 $S - B$ 为 B 的余集，并记为 $C_S B$ 或 B^c 或 CB，如图 1.2 所示.

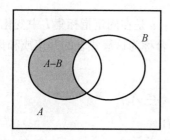

图 1.1

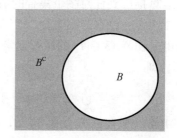

当 $S = A$ 时，$A - B = B^c = C_S B = C_A B$

图 1.2

三、集合的运算规律

集合的交、并、余、差运算有如下规律.

定理 1.1.2 1) 交换律

$A \cup B = B \cup A$, $A \cap B = B \cap A$;

2) 结合律

$A \cup (B \cup C) = (A \cup B) \cup C$, $A \cap (B \cap C) = (A \cap B) \cap C$;

3) 分配律

① $A \cap (B \cup C) = (A \cap B) \cup (A \cap C)$,

一般地有 $A \cap (\bigcup\limits_{\alpha \in I} B_\alpha) = \bigcup\limits_{\alpha \in I} (A \cap B_\alpha)$;

② $A \cap (B - C) = (A \cap B) - (A \cap C)$;

③ $A \cup (B \cap C) = (A \cup B) \cap (A \cup C)$,

一般地有 $A \cup (\bigcap\limits_{\alpha \in I} B_\alpha) = \bigcap\limits_{\alpha \in I} (A \cup B_\alpha)$;

4) 幂等律

$A \cup A = A$, $A \cap A = A$,

一般地当 $\forall \alpha \in I$, $A_\alpha = A$ 时, 有

$$\bigcup\limits_{\alpha \in I} A_\alpha = A, \quad \bigcap\limits_{\alpha \in I} A_\alpha = A$$

5) 吸收律

若 $A \subset B$, 则 $A \cup B = B$, $A \cap B = A$;

6) 余集运算律

$C_S S = \varnothing$, $C_S \varnothing = S$;

$A \cup C_S A = S$, $A \cap C_S A = \varnothing$;

$C_S(C_S A) = A$; $A - B = A \cap C_S B$;

若 $A \subseteq B$, 则 $C_S A \supseteq C_S B$.

7) Demorgan 定律

① $C_S(A \cup B) = C_S A \cap C_S B$,

一般地有 $C_S(\bigcup\limits_{\alpha \in I} A_\alpha) = \bigcap\limits_{\alpha \in I} C_S A_\alpha$;

② $C_S(A \cap B) = (C_S A) \cup (C_S B)$,

一般地有 $C_S(\bigcap\limits_{\alpha \in I} A_\alpha) = \bigcup\limits_{\alpha \in I} C_S A_\alpha$.

证明 只证 3)① 和 7)①, 其余同理可证.

3) ① $x \in A \cap (\bigcup\limits_{\alpha \in I} B_\alpha) \Leftrightarrow x \in A$, 且 $\exists \alpha_0 \in I$, 使得 $x \in B_{\alpha_0}$

$\Leftrightarrow \exists \alpha_0$ 满足 $x \in A \cap B_{\alpha_0} \Leftrightarrow x \in \bigcup_{\alpha \in I}(A \cap B_\alpha)$；

7) ① $x \in C_S(\bigcup_{\alpha \in I} A_\alpha) \Leftrightarrow x \notin \bigcup_{\alpha \in I} A_\alpha \Leftrightarrow$ 对 $\forall \alpha \in I$ 有 $x \notin A_\alpha$
$\Leftrightarrow$ 对 $\forall \alpha \in I$ 有 $x \in C_S A_\alpha \Leftrightarrow x \in \bigcap_{\alpha \in I} C_S A_\alpha$.

四、集列的上下极限及其性质

定义 1.1.5 设有一列集合 $A_1, A_2, \cdots, A_n, \cdots$，称 $\bigcap_{m=1}^{\infty} \bigcup_{n=m}^{\infty} A_n$ 为集列的上极限，记为 $\overline{\lim_{n \to \infty}} A_n$；称 $\bigcup_{m=1}^{\infty} \bigcap_{n=m}^{\infty} A_n$ 为集列的下极限，记为 $\underline{\lim}_{n \to \infty} A_n$；如果 $\overline{\lim} A_n = \underline{\lim} A_n$，则称集合列 $\{A_n\}$ 收敛，称其上、下极限的共同式为 $\{A_n\}$ 的极限，并简记为 $\lim_{n \to \infty} A_n$.

尽管定义是人为约定的，但也讲究其合理性. 对数列 a_n 而言已有上下极限概念，这里是对集合列规定上、下极限概念，两种极限概念在定义对象上有区别，但又应该有着必然的内在联系，尤其是定义的思维方法应有着一致性，那么"联系"和"一致"体现在何处呢？

1) 对数列 $\{a_n\}$ 而言：$\sup_{n \geq m} a_n$ 是刚好不小于所有 $a_n(n \geq m)$ 的数，$\inf_{m \geq 1} a_n$ 是刚好不大于 $a_n(m \geq 1)$ 的数. $\overline{\lim} a_n = \inf_{m \geq 1} \sup_{n \geq m} a_n$，$\underline{\lim}_{n \to \infty} a_n = \sup_{m \geq 1} \inf_{n \geq m} a_n$.

2) 对集合列 A_n 而言：范围刚好不小于所有 $A_n(n \geq m)$ 的集应是 $\bigcup_{n=1}^{\infty} A_n$，即相当于将 $\sup_{n \geq 1} A_n$ 规定为 $\bigcup_{n=1}^{\infty} A_n$；同理，范围刚好不大于所有 $A_n(n \geq m)$ 的集应是 $\bigcap_{n=1}^{\infty} A_n$，即相当于将 $\inf_{n \geq 1} A_n$ 规定为 $\bigcap_{n=1}^{\infty} A_n$. 于是 $\inf_{m} \sup_{n} A_n$、$\sup_{m} \inf_{n} A_n$ 将分别相当于 $\bigcap_{m=1}^{\infty} \bigcup_{n=m}^{\infty} A_n$、$\bigcup_{m=1}^{\infty} \bigcap_{n=m}^{\infty} A_n$，即令 $\overline{\lim} A_n = \bigcap_{m=1}^{\infty} \bigcup_{n=m}^{\infty} A_n$，$\underline{\lim}_{n \to \infty} A_n = \bigcup_{m=1}^{\infty} \bigcap_{n=m}^{\infty} A_n$，并分别称之为集合列 $\{A_n\}$ 的上、下极限.

因此集合列的上、下极限概念是数列的上、下极限概念的自然平移. 当上、下极限相等时，称集合列 $\{A_n\}$ 收敛，并称其上、下极限的共同值为极限，也只不过是数列极限概念的自然平移而已.

上、下极限集合究竟是由哪些元素组成，它们之间有何内在联系呢？下述定理给出了明确的回答.

定理 1.1.3 设有一列集合 $A_1, A_2, \cdots, A_n, \cdots$，则

1) $\overline{\lim_{n \to \infty}} A_n = \{x \mid \exists \text{ 无限多个 } A_n \text{ 满足 } x \in A_n\}$；

2) $\underline{\lim}_{n \to \infty} A_n = \{x \mid \text{从某项开始所有项满足 } x \in A_n\}$；

3) $\varliminf\limits_{n\to\infty} A_n \subseteq \varlimsup\limits_{n\to\infty} A_n$.

证明 1) $x \in \varlimsup\limits_{n\to\infty} A_n \Leftrightarrow x \in \bigcap\limits_{m=1}^{\infty} \bigcup\limits_{n=m}^{\infty} A_n$

$\Leftrightarrow$ 对 $\forall m$ 有 $x \in \bigcup\limits_{n=m}^{\infty} A_n$

$\Leftrightarrow$ 对 $\forall m$, $\exists n \geq m$ 满足 $x \in A_n$

$\Leftrightarrow x \in \{x \mid$ 存在无限多个 A_n 满足 $x \in A_n\}$;

2) 同理可证.

3) 由 1)、2) 直接比较即得.

证毕.

例 1.1.10 设 $A_{2m} = \left[0, 1+\dfrac{1}{2m}\right]$, $A_{2m+1} = \left[0, 2-\dfrac{1}{2m+1}\right]$.

求：$\varlimsup\limits_{n\to\infty} A_n$ 和 $\varliminf\limits_{n\to\infty} A_n$.

解 因为对 $\forall m$ 有 $\bigcup\limits_{n=m}^{\infty} A_n = \bigcup\limits_{m=1}^{\infty} A_{2m+1} = [0, 2)$, 所以

$$\varlimsup\limits_{n\to\infty} A_n = \bigcap\limits_{m=1}^{\infty} \bigcup\limits_{n=m}^{\infty} A_n = \bigcap\limits_{m=1}^{\infty} [0, 2) = [0, 2)$$

因为对 $\forall m$ 有 $\bigcap\limits_{n=m}^{\infty} A_n = \bigcap\limits_{m=1}^{\infty} A_{2m} = [0, 1]$, 所以

$$\varliminf\limits_{n\to\infty} A = \bigcup\limits_{m=1}^{\infty} \bigcap\limits_{n=m}^{\infty} A_n = \bigcup\limits_{m=1}^{\infty} [0, 1] = [0, 1]$$

例 1.1.11 设 $f(x)$, $f_n(x)(n=1, 2, 3, \cdots)$ 是定义在区间 $E=[a, b]$ 上的实函数, k 为正整数, 则

$$E[f_n \nrightarrow f] = \bigcup\limits_{k=1}^{\infty} \bigcap\limits_{m=1}^{\infty} \bigcup\limits_{n=m}^{\infty} E\left[\mid f_n - f \mid \geq \dfrac{1}{k}\right]$$

$$= \bigcup\limits_{k=1}^{\infty} \varlimsup\limits_{n\to\infty} E\left[\mid f_n - f \mid \geq \dfrac{1}{k}\right] \tag{1}$$

$$E[f_n \to f] = \bigcap\limits_{k=1}^{\infty} \bigcup\limits_{m=1}^{\infty} \bigcap\limits_{n=m}^{\infty} E\left[\mid f_n - f \mid < \dfrac{1}{k}\right]$$

$$= \bigcap\limits_{k=1}^{\infty} \varliminf\limits_{n\to\infty} E\left[\mid f_n - f \mid < \dfrac{1}{k}\right] \tag{2}$$

证明 只需证式(1).

$x \in E[f_n \nrightarrow f]$

$\Leftrightarrow x \in E$, $\exists \varepsilon_0 > 0$, 对 $\forall m$, $\exists n \geq m$ 满足

$$\mid f_n(x) - f(x) \mid \geq \varepsilon_0$$

$\Leftrightarrow x \in E$, $\exists \dfrac{1}{k}$, 对 $\forall m$, $\exists n \geq m$ 满足

$$|f_n(x)-f(x)|\geqslant \varepsilon_0 \geqslant \frac{1}{k}$$

$$\Leftrightarrow \exists k, \text{对} \forall m, \exists n\geqslant m, x\in E\left[|f_n-f|\geqslant \frac{1}{k}\right]$$

$$\Leftrightarrow \exists k, \text{对} \forall m, x\in \bigcup_{n=m}^{\infty} E\left[|f_n-f|\geqslant \frac{1}{k}\right]$$

$$\Leftrightarrow \exists k, x\in \bigcap_{m=1}^{\infty}\bigcup_{n=m}^{\infty} E\left[|f_n-f|\geqslant \frac{1}{k}\right]$$

$$\Leftrightarrow x\in \bigcup_{k=1}^{\infty}\bigcap_{m=1}^{\infty}\bigcup_{n=m}^{\infty} E\left[|f_n-f|\geqslant \frac{1}{k}\right]$$

证毕.

注 1.1.2 关于式(2)的证明,既可以采用式(1)的类似方法,也可以直接在式(1)基础上用 Demorgan 定律.

注 1.1.3 式(1)、(2)都是极限语言与集合语言的相互"翻译",请注意体会其证明过程.

推论 1.1.1 1) 若 $A_1 \subseteq A_2 \subseteq \cdots A_n \subseteq \cdots$(渐张集合列),则

$$\overline{\lim_{n\to\infty}}A_n = \bigcap_{m=1}^{\infty}\bigcup_{n=m}^{\infty} A_n = \bigcap_{m=1}^{\infty}\bigcup_{n=1}^{\infty} A_n = \bigcup_{n=1}^{\infty} A_n$$

同理

$$\varliminf_{n\to\infty}A_n = \bigcup_{m=1}^{\infty}\bigcap_{n=m}^{\infty} A_n = \bigcup_{m=1}^{\infty} A_m = \bigcup_{n=1}^{\infty} A_n$$

故

$$\overline{\lim_{n\to\infty}}A_n = \varliminf_{n\to\infty}A_n = \bigcup_{n=1}^{\infty} A_n$$

2) 若 $A_1 \supseteq A_2 \supseteq \cdots A_n \supseteq \cdots$(渐缩集合列),则

$$\overline{\lim_{n\to\infty}}A_n = \varliminf_{n\to\infty}A_n = \bigcap_{n=1}^{\infty} A_n$$

以上两结论类似于数列中的相应结果:"单调递增数列的极限就是上确界,单调递减数列的极限就是下确界".

我们遇到的集合列如果既不是渐张集合列,也不是渐缩集合列.那么,就无法像推论 1.1.1 那样直接求极限.但若该集合列能表示成几个渐张、渐缩集合列交叉排列组合而成的序列,我们则有以下相对简易的求上下极限的方法.为了叙述方便,我们以把集合列分为奇数项与偶数项这两个子列,以此来介绍如下:

推论 1.1.2 设有一列集合 $A_1, A_2, \cdots, A_n, \cdots$,则

1) $\overline{\lim\limits_{n\to\infty}}A_n = \overline{\lim\limits_{n\to\infty}}A_{2n} \bigcup \overline{\lim\limits_{n\to\infty}}A_{2n-1}$;

2) $\underline{\lim\limits_{n\to\infty}}A_n = \underline{\lim\limits_{n\to\infty}}A_{2n} \bigcap \underline{\lim\limits_{n\to\infty}}A_{2n-1}$.

其中，A_{2n} 与 A_{2n-1} 分别为 A_n 的偶数项与奇数项构成的集列.

证明 1) 由定理 1.1.3 之 1) 知：$\overline{\lim\limits_{n\to\infty}}A_{2n} \bigcup \overline{\lim\limits_{n\to\infty}}A_{2n-1} \subseteq \overline{\lim\limits_{n\to\infty}}A_n$，即再由定理 1.1.3 之 1) 结合抽屉原理得 $\overline{\lim\limits_{n\to\infty}}A_n \subseteq \overline{\lim\limits_{n\to\infty}}A_{2n} \bigcup \overline{\lim\limits_{n\to\infty}}A_{2n-1}$. 故

$$\overline{\lim\limits_{n\to\infty}}A_n = \overline{\lim\limits_{n\to\infty}}A_{2n} \bigcup \overline{\lim\limits_{n\to\infty}}A_{2n-1}$$

2) 由定理 1.1.3 之 2) 知：$\underline{\lim\limits_{n\to\infty}}A_n \subseteq \underline{\lim\limits_{n\to\infty}}A_{2n} \bigcap \underline{\lim\limits_{n\to\infty}}A_{2n-1}$.

反过来，若 $x \in \underline{\lim\limits_{n\to\infty}}A_{2n} \bigcap \underline{\lim\limits_{n\to\infty}}A_{2n-1}$，则 $\exists N_1 > 0$ 使得当 $n \geqslant N_1$ 有 $x \in A_{2n}$，$\exists N_2 > 0$ 使得当 $n \geqslant N_2$ 有 $x \in A_{2n-1}$. 从而 $\exists N = \max\{N_1, N_2\}$ 当 $n \geqslant N$ 时，有 $x \in \bigcap\limits_{m=2N}^{\infty} A_m$. 故由定理 1.1.3 可知 $x \in \underline{\lim\limits_{n\to\infty}}A_n$，即 $\underline{\lim\limits_{n\to\infty}}A_{2n} \bigcap \underline{\lim\limits_{n\to\infty}}A_{2n-1} \subseteq \underline{\lim\limits_{n\to\infty}}A_n$. 故 $\underline{\lim\limits_{n\to\infty}}A_n = \underline{\lim\limits_{n\to\infty}}A_{2n} \bigcup \underline{\lim\limits_{n\to\infty}}A_{2n-1}$.

例 1.1.12 设 $A_{2n-1} = \left[\dfrac{1}{n}, 4 - \dfrac{1}{n}\right]$ 且 $A_{2n} = \left[-\dfrac{1}{n}, 1 + \dfrac{1}{n}\right]$，求 $\overline{\lim\limits_{n\to\infty}}A_n$ 和 $\underline{\lim\limits_{n\to\infty}}A_n$.

解 因为 $\{A_{2n-1}\}$ 单调递增，由推论 1.1.1 之 1) 可知，$\overline{\lim\limits_{n\to\infty}}A_{2n-1} = \underline{\lim\limits_{n\to\infty}}A_{2n-1} = \bigcup\limits_{n=1}^{\infty} A_{2n-1} = (0, 4)$. 又因 $\{A_{2n}\}$ 为单调递减集列. 由推论 1.1.1 之 2) 可知 $\overline{\lim\limits_{n\to\infty}}A_{2n} = \underline{\lim\limits_{n\to\infty}}A_{2n} = \bigcap\limits_{n=1}^{\infty} A_{2n} = [0, 1]$. 由推论 1.1.2 可知

$$\overline{\lim\limits_{n\to\infty}}A_n = \overline{\lim\limits_{n\to\infty}}A_{2n} \bigcup \overline{\lim\limits_{n\to\infty}}A_{2n-1} = (0, 4) \bigcup [0, 1] = [0, 4)$$

$$\underline{\lim\limits_{n\to\infty}}A_n = \underline{\lim\limits_{n\to\infty}}A_{2n} \bigcap \underline{\lim\limits_{n\to\infty}}A_{2n-1} = (0, 4) \bigcap [0, 1] = (0, 1]$$

有时还会遇到集合列本身不能分解成几个渐张或渐缩的子列的情形，从而无法直接应用推论 1.1.2. 但若它可以看成是两串集合列 $\{A_n\}$ 与 $\{B_n\}$ 的笛卡儿积 $\{A_n \times B_n\}$（这里 $A_n \times B_n = \{(a_n, b_n) \mid a_n \in A_n, b_n \in B_n\}$），而 $\{A_n\}$ 与 $\{B_n\}$ 又可以分别看成几个渐张或渐缩子列 $\{A_{n_i}\}$ 与 $\{B_{n_i}\}$ 交叉排列生成，此时仍然有相对简易的求上下极限的方法.

推论 1.1.3 设 $\{A_n\}$ 与 $\{B_n\}$ 是给定的两个集合列，$\{A_n \times B_n\}$ 为其相应的笛卡儿积构成的集合列，则

1) $\underline{\lim\limits_{n\to\infty}}(A_n \times B_n) = \underline{\lim\limits_{n\to\infty}}A_n \times \underline{\lim\limits_{n\to\infty}}B_n$；

2) $\overline{\lim\limits_{n\to\infty}}(A_n \times B_n) \subseteq \overline{\lim\limits_{n\to\infty}}A_n \times \overline{\lim\limits_{n\to\infty}}B_n$.

证明 1) 先证 $\varliminf_{n\to\infty}(A_n \times B_n) \supseteq \varliminf_{n\to\infty}A_n \times \varliminf_{n\to\infty}B_n$，设 $(a, b) \in \varliminf_{n\to\infty}A_n \times \varliminf_{n\to\infty}B_n$，则 $a \in \varliminf_{n\to\infty}A_n$，$b \in \varliminf_{n\to\infty}B_n$。由定理 1.1.3 知，$\exists N_1 > 0$ 使得当 $n \geq N_1$ 有 $a \in A_n$，$\exists N_2 > 0$ 使得当 $n \geq N_2$ 有 $b \in B_n$。从而 $\exists N = \max\{N_1, N_2\}$，当 $n \geq N$ 时有 $(a, b) \in A_n \times B_n$，即 $(a, b) \in \varliminf_{n\to\infty}(A_n \times B_n)$。

再证 $\varliminf_{n\to\infty}(A_n \times B_n) \subseteq \varliminf_{n\to\infty}A_n \times \varliminf_{n\to\infty}B_n$，设 $(a, b) \in \varliminf_{n\to\infty}(A_n \times B_n)$，由定理 1.1.3 知，$\exists N_3 > 0$ 使得当 $n \geq N_3$ 有 $(a, b) \in A_n \times B_n$，从而 $a \in \varliminf_{n\to\infty}A_n$ 及 $b \in \varliminf_{n\to\infty}B_n$，即 $(a, b) \in \varliminf_{n\to\infty}A_n \times \varliminf_{n\to\infty}B_n$。

故 $\varliminf_{n\to\infty}(A_n \times B_n) = \varliminf_{n\to\infty}A_n \times \varliminf_{n\to\infty}B_n$。

2) 设 $(a, b) \in \varlimsup_{n\to\infty}(A_n \times B_n)$，则由定理 1.1.3 知可知，存在无限的指标集 $I \subset N$，使得 $(a, b) \in A_i \times B_i$，$\forall i \in I$。因此，对任意的 $i \in I$ 都有 $a \in A_i$ 和 $b \in B_i$。故由定理 1.1.3 可知 $a \in \varlimsup_{n\to\infty}A_n$，$b \in \varlimsup_{n\to\infty}B_n$。进而可得 $(a, b) \in \varlimsup_{n\to\infty}A_n \times \varlimsup_{n\to\infty}B_n$，即 $\varlimsup_{n\to\infty}(A_n \times B_n) \subseteq \varlimsup_{n\to\infty}A_n \times \varlimsup_{n\to\infty}B_n$。

证毕.

推论 1.1.4 若 $\{A_n\}$ 与 $\{B_n\}$ 分别收敛，则 $\{A_n \times B_n\}$ 收敛且 $\lim_{n\to\infty}(A_n \times B_n) = \lim_{n\to\infty}A_n \times \lim_{n\to\infty}B_n$，特别地，当 $\{A_n\}$ 与 $\{B_n\}$ 分别是渐张或渐缩集列时，结论成立.

证明 由定理 1.1.3 之 3) 知：$\varliminf_{n\to\infty}(A_n \times B_n) \subseteq \varlimsup_{n\to\infty}(A_n \times B_n)$。下证 $\varlimsup_{n\to\infty}(A_n \times B_n) \subseteq \varliminf_{n\to\infty}(A_n \times B_n)$。由推论 1.1.1 知，$\varliminf_{n\to\infty}A_n = \varlimsup_{n\to\infty}A_n$，$\varliminf_{n\to\infty}B_n = \varlimsup_{n\to\infty}B_n$。由此结合推论 1.1.3 与推论 1.1.1 可知

$$\varlimsup_{n\to\infty}(A_n \times B_n) \subseteq \varlimsup_{n\to\infty}A_n \times \varlimsup_{n\to\infty}B_n = \varliminf_{n\to\infty}A_n \times \varliminf_{n\to\infty}B_n = \varliminf_{n\to\infty}(A_n \times B_n)$$

即 $\varlimsup_{n\to\infty}(A_n \times B_n) \subseteq \varliminf_{n\to\infty}(A_n \times B_n)$。从而 $\varliminf_{n\to\infty}(A_n \times B_n) = \varlimsup_{n\to\infty}(A_n \times B_n)$，故

$$\lim_{n\to\infty}(A_n \times B_n) = \varliminf_{n\to\infty}(A_n \times B_n) = \varliminf_{n\to\infty}A_n \times \varliminf_{n\to\infty}B_n = \lim_{n\to\infty}A_n \times \lim_{n\to\infty}B_n$$

证毕.

对于推论 1.1.2 ~ 推论 1.1.4 的综合应用，请看下述实例.

例 1.1.13 若 $A_{2m} = [0, 2m] \times \left[0, \dfrac{1}{2m}\right]$，$A_{2m-1} = \left[0, \dfrac{1}{2m-1}\right] \times [0, 2m-1]$，则

1) $\varliminf_{m\to\infty}A_m = \{(0, 0)\}$；

2) $\overline{\lim\limits_{m\to\infty}}A_m = \{(0, y) \mid 0 \leqslant y < +\infty\} \bigcup \{(x, 0) \mid 0 \leqslant x < +\infty\}$.

证明 1) 设 $B_n = \begin{cases} [0, 2m] & n = 2m \\ \left[0, \dfrac{1}{2m-1}\right] & n = 2m-1 \end{cases}$,

$C_n = \begin{cases} \left[0, \dfrac{1}{2m}\right] & n = 2m \\ [0, 2m-1] & n = 2m-1 \end{cases}$, 则 $A_n = B_n \times C_n$, $\forall n$. 由推论 1.1.2 之

2) 知

$$\lim\limits_{m\to\infty}B_m = \lim\limits_{m\to\infty}B_{2m} \bigcap \lim\limits_{m\to\infty}B_{2m-1} = \{0\}, \quad \lim\limits_{m\to\infty}C_m = \lim\limits_{m\to\infty}C_{2m} \bigcap \lim\limits_{m\to\infty}C_{2m-1} = \{0\}.$$

由推论 1.1.3 之 1) 知

$$\lim\limits_{m\to\infty}(B_n \times C_n) = \lim\limits_{m\to\infty}B_n \times \lim\limits_{m\to\infty}C_n = \{(0, 0)\}.$$

2) 由推论 1.1.2 之 1) 知: $\overline{\lim\limits_{m\to\infty}}A_m = \overline{\lim\limits_{m\to\infty}}A_{2m} \bigcup \overline{\lim\limits_{m\to\infty}}A_{2m-1}$, 对 $A_{2m} = B_{2m} \times C_{2m}$ 而言, B_{2m} 渐张, C_{2m} 渐缩, 由推论 1.1.4 知

$$\overline{\lim\limits_{m\to\infty}}A_{2m} = \overline{\lim\limits_{m\to\infty}}B_{2m} \times \overline{\lim\limits_{m\to\infty}}C_{2m} = [0, +\infty) \times \{0\}$$

$$\overline{\lim\limits_{m\to\infty}}A_{2m-1} = \overline{\lim\limits_{m\to\infty}}B_{2m-1} \times \overline{\lim\limits_{m\to\infty}}C_{2m-1} = \{0\} \times [0, +\infty)$$

于是有

$$\overline{\lim\limits_{m\to\infty}}A_m = \overline{\lim\limits_{m\to\infty}}A_{2m} \bigcup \overline{\lim\limits_{m\to\infty}}A_{2m-1} = [0, +\infty) \times \{0\} \bigcup \{0\} \times [0, +\infty)$$

证毕.

注 1.1.4 注意到 $\overline{\lim\limits_{m\to\infty}}B_m = \overline{\lim\limits_{m\to\infty}}C_m = [0, +\infty)$. 因此, 我们有 $\overline{\lim\limits_{n\to\infty}}(B_n \times C_n) = \overline{\lim\limits_{n\to\infty}}(A_n) = [0, +\infty) \times \{0\} \bigcup \{0\} \times [0, +\infty) \underset{\neq}{\subseteq} [0, +\infty) \times [0, +\infty) = \overline{\lim\limits_{n\to\infty}}B_n \times \overline{\lim\limits_{n\to\infty}}C_n$. 视 B_n 与 C_n 分别为推论 1.1.3 之 2) 的 A_n 与 B_n, 则例 1.1.13 表明推论 1.1.3 之 2) 的真包含关系 $\overline{\lim\limits_{n\to\infty}}(A_n \times B_n) \underset{\neq}{\subseteq} \overline{\lim\limits_{n\to\infty}}A_n \times \overline{\lim\limits_{n\to\infty}}B_n$ 可能存在, 同时也表明推论 1.1.4 中条件 "$\{A_n\}$ 与 $\{B_n\}$ 分别收敛"不可或缺. 否则, 不仅 $\lim\limits_{n\to\infty}(A_n \times B_n)$ 存在性无法保证, 即使将极限改为上极限虽能确保存在性, 但等式也不一定成立.

第二节 集合的势、可数集与不可数集

简单地说, 集合的势就是集合的元素"个数", "个数"概念是幼儿园孩子都懂的概念, 为什么还要故弄玄虚, 用一个数学专业大学生才第一次听说的新词呢? 过去的"个数"只对有限集而言, 无论是有理数那么多个无限, 还是无理数那么

多个无限，或者是任何无限都用同一个无限表示，不加任何区别．本节要讲的势，则必须将无限予以细分，并区别对待．事实上，我们将会发现，不同的无限会有许多惊人的差异．那么是否会补充一些记号来分别表示各种各样的无限呢？毫无必要，即使这样做了也没有办法记住．因此，这里只给出比较元素个数多少的一般性方法．

定义 1.2.1 设 A、B 是任意两个集合，且存在一一对应 f 使得 $f: A \to B$，则称 A 与 B 势相等，或称 A 与 B 对等，记为 $\overline{\overline{A}} = \overline{\overline{B}}$，或 $A \sim B$；如果集合 A 是有限集，且元素个数为 n，则记为 $\overline{\overline{A}} = n$．

如果存在 $B_0 \subseteq B$ 和一一对应 f 使得 $f: A \to B_0$，则称 A 的势不超过 B 的势，记为 $\overline{\overline{A}} \leqslant \overline{\overline{B}}$ 或 $\overline{\overline{B}} \geqslant \overline{\overline{A}}$；如果 $\overline{\overline{A}} \leqslant \overline{\overline{B}}$，但 $\overline{\overline{A}} \neq \overline{\overline{B}}$，即存在 $B_0 \subseteq B$ 和一一对应 f 使得 $f: A \to B_0$，但不存在一一对应 g 使得 $g: A \to B$，则称 A 的势小于 B 的势，记为 $\overline{\overline{A}} < \overline{\overline{B}}$ 或 $\overline{\overline{B}} > \overline{\overline{A}}$．

这种定义表面看来似乎有点抽象，但实际上非常自然而合理．

原始人用自己的苹果换别人的梨子且等量交换时，他们只能数 1、2，三个以上都称为"许多"，但你真的要用三个苹果去换他十个梨时，虽然是"许多"换"许多"，但他是不同意的．那么他们用什么方法保证自己"不吃亏"或"不亏欠"人家的呢？那就是你给我一个苹果，我才给你一个梨子，逐一逐一换．如果刚好同时换完，说明苹果、梨子一样多；如果苹果完了以后还有梨子，则说明苹果比梨子少．这实质上是利用一一对应来比较集合中元素的个数多少，其基本思想与此处定义是完全一致的，故此定义是自然而合理的．

然而，通过上述合理的定义却出乎意料地得到了下面似乎"荒唐"的结果．

例 1.2.1 $\mathbf{N} = \{1, 2, 3, \cdots, n, \cdots\} \sim A = \{3, 4, 5, \cdots, n, \cdots\}$，事实上，$f(n) = n+2 (n = 1, 2, 3, \cdots)$ 就是 $\mathbf{N}$ 与 A 之间的一一对应．

注 1.2.1 对无限集而言"部分小于整体"的算术规则不再成立．事实上，可与其本身的某一真子集对等是无限集的本质特征(留作习题)．

定理 1.2.1 设 A、B、C 是任意三集合：

1) $A \sim A$(反身性)；

2) 若 $A \sim B$，则 $B \sim A$(对称性)；

3) 若 $A \sim B$，且 $B \sim C$，则 $A \sim C$(传递性)；

4) 若对 $\forall \alpha \in I$，有 $A_\alpha \sim B_\alpha$，且对 $\forall \alpha_1 \neq \alpha_2$，有 $A_{\alpha_1} \bigcap A_{\alpha_2} = \varnothing$，$B_{\alpha_1} \bigcap B_{\alpha_2} = \varnothing$，则 $\bigcup\limits_{\alpha \in I} A_\alpha \sim \bigcup\limits_{\alpha \in I} B_\alpha$；

5) 若 $\overline{\overline{A}} \leqslant \overline{\overline{B}}$，$\overline{\overline{B}} \leqslant \overline{\overline{C}}$，则 $\overline{\overline{A}} \leqslant \overline{\overline{C}}$(传递性)；

6) 若 $\overline{\overline{A}} \leqslant \overline{\overline{B}}$，$\overline{\overline{B}} \leqslant \overline{\overline{A}}$，则 $\overline{\overline{A}} = \overline{\overline{B}}$(Bernstein 定理，又称为两边夹法则)；

7) 设 A、B 是任意两个集合，则 $\overline{\overline{A}} = \overline{\overline{B}}$，$\overline{\overline{A}} < \overline{\overline{B}}$，$\overline{\overline{A}} > \overline{\overline{B}}$ 三者必居其一，且仅居其一(三歧性).

证明 这里只证 6)，其余留给读者自己证明.

因为 $\overline{\overline{A}} \leqslant \overline{\overline{B}}$，则存在 $B_0 \subseteq B$ 及一一对应 f 满足 $f: A \to B_0$，同理由于 $\overline{\overline{B}} \leqslant \overline{\overline{A}}$，则存在 $A_0 \subseteq A$ 及一一对应 g 满足 $g: B \to A_0$，令

$$A_1 = A - A_0, \quad B_1 = f(A_1)$$
$$A_2 = g(B_1), \quad B_2 = f(A_2)$$
$$\cdots\cdots$$
$$A_n = g(B_{n-1}), \quad B_n = f(A_n)$$
$$\cdots\cdots$$

如图 1.3 所示.

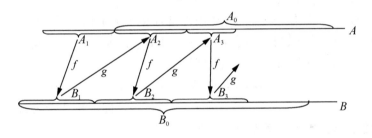

图 1.3

显然
$$A_n \cap A_m = \varnothing \quad (n \neq m)$$
$$B_n \cap B_m = \varnothing \quad (n \neq m)$$

于是
$$\bigcup_{n=1}^{\infty} A_n \overset{f}{\sim} \bigcup_{n=1}^{\infty} B_n$$

因为 $A_1 = A - A_0$，所以
$$A_0 = A - A_1$$
$$B - \bigcup_{n=1}^{\infty} B_n \overset{g}{\sim} A_0 - \bigcup_{n=1}^{\infty} A_{n+1} = A - \bigcup_{n=1}^{\infty} A_n \quad (*)$$
$$B = \bigcup_{n=1}^{\infty} B_n \cup (B - \bigcup_{n=1}^{\infty} B_n) \overset{f \to g}{\sim} \bigcup_{n=1}^{\infty} A_n \cup (A - \bigcup_{n=1}^{\infty} A_n) = A$$

故

$$\overline{\overline{A}} = \overline{\overline{B}}$$

证毕.

注 1.2.2 等价关系式(*)成立是由于有一一对应 g 存在,并非是"等量减等量差相等"的算术规则. 事实上,"等量减等量差相等"的算术规则对无限集而言不再成立. 由例 1.2.1 可以看出:虽然 $\mathbf{N} \sim \mathbf{N}$,$\mathbf{N} \sim A$,但 $\varnothing = \mathbf{N} - \mathbf{N} \not\sim \mathbf{N} - A = \{1, 2\}$,其中 A 与例 1.2.1 规定相同.

引入集合势的目的在于区别无限集之间的元素个数多少,无论是无穷数列,还是无穷级数的"项",都是以自然数为脚标排列成一串形式的特殊无限,是最简单、最常见的无限.

定义 1.2.2 设 A 是任一集合,$\mathbf{N} = \{1, 2, 3, \cdots\}$,如果 $A \sim \mathbf{N}$,则称 A 为可数集或可列集,记为 $\overline{\overline{A}} = a$.

例 1.2.2 整数集 $A = \{0, 1, -1, 2, -2, 3, -3, \cdots\}$ 是可数集.

可数集具有一个直观而简单的本质特征.

定理 1.2.2 A 为可数集的充要条件是 A 的元素可以排成无穷序列形式.

证明 若 A 为可数集,则存在一一对应 $f : \mathbf{N} \to A$,于是 $A = \{f(1), f(2), \cdots, f(n), \cdots\}$ 便是无穷序列形式.

反之,若 A 是无穷序列形式,即 $A = \{a_1, a_2, \cdots, a_n, \cdots\}$,则令 $f(a_1) = 1$,$f(a_2) = 2$,$\cdots$,$f(a_n) = n$,$\cdots$,即可知 A 为可数集.

可数集是势最小的一类无限集,即:

定理 1.2.3 设 A 是无限集,则 $\overline{\overline{A}} \geqslant a$.

证明 只需证 A 有可数子集. 事实上,因为 A 是无限子集,所以 $\exists a_1 \in A$,而 A 无限则保证了 $A - \{a_1\}$ 为无限集,所以 $\exists a_2 \in (A - \{a_1\})$,$\cdots$,同理 $\exists a_n \in (A - \{a_1, a_2, \cdots, a_{n-1}\})$. 令 $A_0 = \{a_1, a_2, \cdots, a_n, \cdots\}$,则 A_0 是一可数集,且 A_0 是 A 的子集,故 $\overline{\overline{A}} \geqslant a$.

证毕.

定理 1.2.4 可数集 A 的任何无限子集 A_0 都是可数子集.

证明 由定理 1.2.3 知 $a \leqslant \overline{\overline{A_0}}$,而 $\overline{\overline{A_0}} \leqslant \overline{\overline{A}} = a$,由定理 1.2.1 之 5) 知 $\overline{\overline{A_0}} = a$.

证毕.

也可以直观想象为:使无穷序列 $A = \{a_1, a_2, \cdots, a_n, \cdots,\}$ 中 A_0 的元素出列,然后向右看齐,重新报数,便将 A_0 排成了无穷序列,从而 A_0 可数.

定义 1.2.3 将空集、有限集、可数集统称为至多可数集.

定理 1.2.5 至多可数个至多可数集之交、并、差运算结果仍为至多可数集. 特别地, 如果其中有一个集是可数集, 那么其并集必然是可数集.

证明 对交、差运算而言显然, 故只需证并运算的情形.

1) 证 $A_1, A_2, \cdots, A_n$ 有限个至多可数集之并 $A = \bigcup_{i=1}^{n} A_i$ 仍为至多可数集.

事实上, 可设

$$A_1 = \{a_{11}, a_{12}, \cdots, a_{1n}, \cdots\}$$
$$\downarrow \quad \downarrow \quad \quad \downarrow$$
$$A_2 = \{a_{21}, a_{22}, \cdots, a_{2n}, \cdots\}$$
$$\downarrow \quad \downarrow \quad \quad \downarrow$$
$$A_3 = \{a_{31}, a_{32}, \cdots, a_{3n}, \cdots\}$$
$$\downarrow \quad \downarrow \quad \quad \downarrow$$
$$\cdots\cdots$$
$$\downarrow \quad \downarrow \quad \quad \downarrow$$
$$A_n = \{a_{n1}, a_{n2}, \cdots, a_{nn}, \cdots\}$$

只需将第一列从上到下排完后接着排第二列, 按此顺序逐列排, 就可以排成有限或无穷序列形式, 所以 A 为至多可数集.

注 1.2.3 已经在前面排过的不要重复排, 遇到有限集而出现的缺项, 跳过不排.

2) 证 $A_1, A_2, \cdots, A_n, \cdots$ 可数个至多可数集之并 $A = \bigcup_{i=1}^{\infty} A_i$ 仍为至多可数集.

注 1.2.4 无法照搬 1) 的证明过程, 因为第一列在任一时刻都未排完, 当然无法排到第二列元素, 这时必须改造排列方法, 可以采用对角线法则.

事实上, 可设

$$A_1 = \{a_{11}, a_{12}, a_{13}, a_{14}, \cdots, a_{1n}, \cdots\}$$
$$A_2 = \{a_{21}, a_{22}, a_{23}, a_{24}, \cdots, a_{2n}, \cdots\}$$
$$A_3 = \{a_{31}, a_{32}, a_{33}, a_{34}, \cdots, a_{3n}, \cdots\}$$
$$A_4 = \{a_{41}, a_{42}, a_{43}, a_{44}, \cdots, a_{4n}, \cdots\}$$
$$\cdots\cdots$$

$$A_n = \{a_{n1}, \ a_{n2}, \ a_{n3}, \ a_{n4}, \ \cdots, \ a_{nn}, \ \cdots\}$$

......

则 $A = \{a_{11}, \ a_{21}, \ a_{12}, \ a_{13}, \ a_{22}, \ a_{31}, \ a_{41}\cdots, \ a_{n-1,1}, \ a_{n1}, \ a_{n-1,2}, \ \cdots, \ a_{1n}, \ a_{1,n+1}, \ \cdots\}$ 便是有限或无穷序列形式，从而 A 为至多可数集．

如果其中有一个集是可数集，则并集是无穷序列形式，从而是可数集．

证毕．

常见的可数集非常多．

例 1.2.3　有理数集 $\mathbf{Q}$ 为可数集．

证明　设 $\mathbf{Q}^+, \mathbf{Q}^-$ 分别为正、负有理数集，则 $\mathbf{Q} = \mathbf{Q}^+ \cup \mathbf{Q}^- \cup \{0\}$. 只需证 $\mathbf{Q}^+$ 是可数集，事实上

$$A_1 = \left\{\frac{1}{1}, \ \frac{2}{1}, \ \frac{3}{1}, \ \cdots, \ \frac{n}{1}, \ \cdots\right\}$$

$$A_2 = \left\{\frac{1}{2}, \ \frac{2}{2}, \ \frac{3}{2}, \ \cdots, \ \frac{n}{2}, \ \cdots\right\}$$

$$A_3 = \left\{\frac{1}{3}, \ \frac{2}{3}, \ \frac{3}{3}, \ \cdots, \ \frac{n}{3}, \ \cdots\right\}$$

......

$$A_n = \left\{\frac{1}{n}, \ \frac{2}{n}, \ \frac{3}{n}, \ \cdots, \ \frac{n}{n}, \ \cdots\right\}$$

......

由于任何有理数 r 均可表为分数形式，即存在 p, q 满足 $r = \dfrac{p}{q}$，就是说 r 必定是第 q 个集合之中的第 p 个元素．所以 $\mathbf{Q}^+ = \bigcup\limits_{n=1}^{\infty} A_n$ 是可数集．

证毕．

定理 1.2.6　设 A 中每一个元素均由 n 个记号一对一地加以决定，而每个记号独立地跑遍一个可数集，则 A 为可数集．

证明　设 $A = \{a_{x_1 x_2 x_3 \cdots x_n} \mid x_i \in I_i, \ \overline{\overline{I_i}} = a, \ i = 1, 2, \cdots, n\}$，我们对 n 用归纳法：

1) $n = 1$ 时命题显然成立；

2) 假定 $n = N$ 时命题成立；

3) 证 $n = N+1$ 时命题成立，事实上，不妨设

$$I_{N+1} = \{r_j \mid j = 1, 2, \cdots\}$$

对任意固定的 j
$$A_j = \{a_{x_1 x_2 x_3 \cdots x_N r_j} \mid x_i \in I_i, \overline{\overline{I_i}} = a, i = 1, 2, \cdots, N\}$$
是由 N 个独立记号所决定的集合，由归纳假设可知 A_j 为可数集，由定理 1.2.5 知 $A = \bigcup\limits_{j=1}^{\infty} A_j$ 是可数集.

证毕.

此定理有着广泛而重要的应用.

例 1.2.4　1) 平面上有理数坐标点全体为可数集.

2) 对任意正整数 n，n 次整系数多项式全体
$$A_n = \{a_0 + a_1 x + a_2 x^2 + \cdots + a_n x^n \mid a_0, a_1, \cdots, a_n \text{ 为整数}\}$$
是可数集.

3) 所有整系数多项式全体 $A = \bigcup\limits_{n=1}^{\infty} A_n$ 为可数集.

4) 所有代数数(称整系数多项式的根为代数数) 全体为可数集.

证明　1) 设集 $P^2 = \{(x, y) \mid x, y \text{ 均为有理数}\}$，$(x, y)$ 可视为由 x 和 y 两个记号所决定，且每个记号独立跑遍有理数这个可数集，由定理 1.2.6 知，这样的元素全体为可数集.

2) 对任意正整数 n，每一个 n 次整系数多项式
$$P(x) = a_0 + a_1 x + \cdots + a_{n-1} x^{n-1} + a_n x^n$$
由 $n+1$ 个记号 $a_0, a_1, \cdots, a_n$ 所决定，且每个记号独立跑遍整数集这个可数集，由定理 1.2.6 知，这样的元素全体 A_n 为可数集.

3) 因为 $A = \bigcup\limits_{n=1}^{\infty} A_n$，且 A_n 为可数无限集，由定理 1.2.5 知 A 为可数集.

4) 每一个整系数多项式的根只有有限个，从而至多可数，又由 3) 知所有整系数多项式全体为可数集，所有代数数全体为可数个至多可数集之并集，由定理 1.2.5 知，所有代数数全体为至多可数集，即 $\overline{\overline{A}} \leqslant a$；另一方面，显然 $A \supseteq \mathbf{N}$，即 $\overline{\overline{A}} \geqslant a$，故 $\overline{\overline{A}} = a$.

证毕.

注 1.2.5　代数数的范围比较大，它不仅包括了所有的有理数，而且还包含许许多多的无理数. 例如：$\sqrt{2}$ 是 $x^2 - 2 = 0$ 的一个根，所以 $\sqrt{2}$ 是代数数.

既然代数数这样大的范围都是可数集，那么是否意味着所有的无限集都为可数集呢？答案都是否定的. 请看下例.

例 1.2.5　$(0, 1)$ 是不可数无限集.

证明　用反证法. 假设 $(0, 1)$ 中的全体实数是可数的，排成了序列 $(0, 1) =$

$\{a_1, a_2, \cdots, a_n, \cdots\}$，并将这些数用十进制小数表示为

$$a_1 = 0.a_{11}a_{12}\cdots a_{1n}\cdots$$
$$a_2 = 0.a_{21}a_{22}\cdots a_{2n}\cdots$$
$$\cdots\cdots$$
$$a_n = 0.a_{n1}a_{n2}\cdots a_{nn}\cdots$$
$$\cdots\cdots$$

则我们可以构造一个新数 $a_0 \in (0, 1) - \{a_1, a_2, \cdots, a_n, \cdots\}$，与假设矛盾. a_0 的每一位小数的具体构造法如下：

第 1 位：$a_{01} = \begin{cases} 1 & a_{11} \neq 1 \\ 2 & a_{11} = 1 \end{cases}$ （保证 $a_0 \neq a_1$）

第 2 位：$a_{02} = \begin{cases} 1 & a_{22} \neq 1 \\ 2 & a_{22} = 1 \end{cases}$ （保证 $a_0 \neq a_2$）

……

第 n 位：$a_{0n} = \begin{cases} 1 & a_{nn} \neq 1 \\ 2 & a_{nn} = 1 \end{cases}$ （保证 $a_0 \neq a_n$）

……

显然 $0 < a_0 = 0.a_{01}a_{02}\cdots a_{0n}\cdots < 1$，且 $(a_0 \neq a_n, \forall n \in \mathbf{N})$.

证毕.

既然 $(0, 1)$ 是一不可数无限集，那就另用记号 c 表示它的势，即 $\overline{\overline{(0, 1)}} = c$.

显然，$a < c$. 我们以后将与 $(0, 1)$ 对等的一类集称为 c 势集. c 势集也是一类范围相当广的集.

例 1.2.6 1) $(-\infty, +\infty)$ 为 c 势集.

2) 对 $\forall a < b$，(a, b)，$[a, b)$，$(a, b]$，$[a, b]$ 均为 c 势集.

3) $(0, 1) \times (0, 1)$ 为 c 势集，$\mathbf{R}^2$ 为 c 势集，$\mathbf{R}^n$ 为 c 势集.

4) $B = \{(x_1, x_2, \cdots, x_k, \cdots) \mid x_k \in (0, 1), k = 1, 2, \cdots\}$ 为 c 势集.

$E^\infty = \{(x_1, x_2, \cdots, x_k, \cdots) \mid x_k \in (-\infty, +\infty), k = 1, 2, \cdots\}$ 为 c 势集.

证明 1) $f(x) = \tan\left(\pi x - \dfrac{\pi}{2}\right)$：$(0, 1) \to (-\infty, +\infty)$ 是一一对应，故 $(-\infty, +\infty)$ 为 c 势集.

2) $f(x) = (b-a)x + a$：$(0, 1) \to (a, b)$ 是一一对应，故 (a, b) 为 c 势集.

因为 $(a, b) \subseteq [a, b] \subseteq (-\infty, +\infty)$，且 $(a, b) \sim (-\infty, +\infty)$，由

Bernstein 定理知:$[a, b)$ 为 c 势集. 同理$(a, b]$, $[a, b]$ 为 c 势集.

3) $(a, b) \in (0, 1) \times (0, 1)$，不妨设 a, b 的无限小数形式为
$$a = 0.a_1 a_2 \cdots a_n \cdots$$
$$b = 0.b_1 b_2 \cdots b_n \cdots$$
则
$$f(a, b) = 0.a_1 b_1 a_2 b_2 \cdots a_n b_n \cdots$$
是 $(0, 1) \times (0, 1)$ 到 $(0, 1)$ 的单射 $\overline{\overline{(0, 1) \times (0, 1)}} \leqslant \overline{\overline{(0, 1)}} = c$. 另一方面，因 $\overline{\overline{(0, 1) \times (0, 1)}} \geqslant \overline{\overline{(0, 1)}}$，故 $\overline{\overline{(0, 1) \times (0, 1)}} = \overline{\overline{(0, 1)}} = c$.

令 $g:(x, y) \to \left(\tan\left(x - \frac{1}{2}\right)\pi, \tan\left(y - \frac{1}{2}\right)\pi\right)$, g 是 $(0, 1) \times (0, 1)$ 到 $\mathbf{R}^2$ 的一一对应，故 $\mathbf{R}^2$ 也为 c 势集.

同理 $\mathbf{R}^n$ 也为 c 势集.

4) 证法与 3) 相同，只是作 f 时必须利用对角线排列法将 $(0, 1)$ 中数列对应一个数，得 $\overline{\overline{B}} = c$, 然后依照 $(0, 1) \times (0, 1) \sim \mathbf{R}^2$, 证 $B \sim E^\infty$, 从而 $\overline{\overline{E^\infty}} = c$.

证毕.

例 1.2.7 圆周(球面)上的点全体势为 c.

证明 由图 1.4 知，集 A 去掉点 P 后的 A_0 集与全直线(平面)对等，即 $\overline{\overline{A_0}} = c$, 则 $c = \overline{\overline{A_0}} \leqslant \overline{\overline{A}} \leqslant \overline{\overline{\mathbf{R}^2}} = c$, 故 $\overline{\overline{A}} = c$.

证毕.

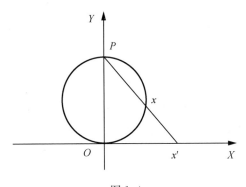

图 1.4

定理 1.2.7 1) 任意有限个 c 势集之并为 c 势集.

2) 可数个 c 势集之并为 c 势集.

3) c 势个 c 势集之并为 c 势集.

证明 显然，只需证明任意二集互不相交的势最大的情形结论成立.

1) 设有限个 c 势集 A_1，A_2，$\cdots$，A_n 之并为 $A = \bigcup\limits_{i=1}^{n} A_i$，因为 $A_i \sim (i-1, i]$，则 $A = \bigcup\limits_{i=1}^{n} A_i \sim \bigcup\limits_{i=1}^{n} (i-1, i] = (0, n]$，故 $\overline{\overline{A}} = c$.

2) 同理 $A = \bigcup\limits_{i=1}^{\infty} A_i \sim (0, +\infty)$，故 $\overline{\overline{A}} = c$.

3) 设 $\overline{\overline{I}} = c$，$\forall \alpha \in I$，$\overline{\overline{A_\alpha}} = c$，且不妨假定 $I = (0, 1)$，则 $A_\alpha \sim \{(\alpha, y) \mid 0 < y < 1\}$，于是 $A = \bigcup\limits_{\alpha \in I} A_\alpha \sim (0, 1) \times (0, 1)$，故 $\overline{\overline{A}} = c$.

证毕.

定理 1.2.8 设 A 中每一个元素均由 n 个记号所一对一地决定，而每个记号独立地跑遍一个 c 势集，则 A 为 c 势集.

即若 $A = \{a_{x_1 x_2 x_3 \cdots x_n} \mid x_i \in A_i, \overline{\overline{A_i}} = c, i = 1, 2, \cdots, n\}$，则 $\overline{\overline{A}} = c$.

证法一 与定理 1.2.6 类似，只需将"由定理 1.2.5 知 $A = \bigcup\limits_{j=1}^{\infty} A_j$ 是可数集"（可数个可数集之并是可数集），改为"由定理 1.2.7 之 3) 知 $A = \bigcup\limits_{y \in I_{N+1}} A_y$ 是 c 势集"（c 势个 c 势集之并是 c 势集）即可.

证毕.

证法二 不妨设 $A_i = (-\infty, +\infty)$，则 $f: a_{x_1 x_2 x_3 \cdots x_n} \to (x_1, x_2, \cdots, x_n)$ 是 A 到 $\mathbf{R}^n$ 上的一一对应，故 A 为 c 势集.

证毕.

定理 1.2.9 设 A 为无限集，B 是至多可数集，则 $A \cup B \sim A$.

证明 1) 假定 $A \cap B = \varnothing$

作 $A_0 = \{a_1, a_2, \cdots, a_n, \cdots\} \subset A$，则 $(A - A_0) \cap (A_0 \cup B) = \varnothing$，$(A - A_0) \cap A_0 = \varnothing$，于是
$$A \cup B = (A - A_0) \cup (A_0 \cup B) \sim (A - A_0) \cup A_0 = A$$

2) 如果 $A \cap B \neq \varnothing$，则 $(B - A)$ 至多可数，且 $(A - A_0) \cap [A_0 \cup (B - A)] = \varnothing$，由 1) 知：$A \cup B = (A - A_0) \cup [A_0 \cup (B - A)] \sim (A - A_0) \cup A_0 = A$.

证毕.

定理 1.2.10 设 B 是至多可数集，$A - B$ 为无限集，则 $A - B \sim A$.

证明 因为 B 是至多可数集，所以 $A \cap B$ 也是至多可数集，而已知 $A - B$ 为无限集，由定理 1.2.9 知：$A = (A - B) \cup (A \cap B) \sim (A - B)$.

证毕.

综合定理 1.2.9 和定理 1.2.10 不难看出，可数集相对无限集而言是那样的微不足道，简直是"有它不多，无它不少". 当然，"无它不少"是以"$A - B$ 为无

限集"为前提的,如果 $A-B$ 为空集或有限集,就不会有$(A-B) \sim A$.

通过此定理可以把握许多重要集合的势.

例 1.2.8　1) 非整实数集是 c 势集.

2) 无理数集是 c 势集.

3) 超越数集是 c 势集.

证明　利用整数集、有理数集、代数数集是可数集及其定理 1.2.10 即得.

第三节　无最大势定理与 Contor 连续统假设

在直线上常见的无限集要么是可数集,要么是 c 势集,于是有两个问题备受关注:第一,是否 c 就是最大势? 第二,是否存在集合 A 满足 $a < \overline{\overline{A}} < c$?

下述定理说明集合的势只有更大,没有最大,从而回答了第一个问题.

定理 1.3.1(无最大势定理)　设 $2^M = \{A \mid A \subseteq M\}$,则 $\overline{\overline{M}} < \overline{\overline{2^M}}$.

证明　1) 当 $M = \varnothing$ 时,$2^M = \{\varnothing\}$,命题成立.

2) 当 $M \neq \varnothing$ 时,显然 $\overline{\overline{M}} \leqslant \overline{\overline{2^M}}$,还需证明 $\overline{\overline{M}} \neq \overline{\overline{2^M}}$. 若不然,存在一一对应 $f: M \to 2^M$. 我们暂且将满足 $x \in f(x)$ 的元素称为"好"元素,否则称为"坏"元素,即

$$M_{好} = \{x \mid x \in M, x \in f(x)\}, M_{坏} = \{x \mid x \in M, x \notin f(x)\}$$

由于 f 是一一对应,所以对 $M_{坏}$,$\exists x \in M$ 满足 $x_0 \to f(x_0) = M_{坏}$.

那么 x_0 究竟是"好"元素,还是"坏"元素呢?

倘若 x_0 是"好"元素,则 $x_0 \in f(x_0)$,而 $f(x_0) = M_{坏}$,即 $x \in M_{坏}$,矛盾.

倘若 x_0 是"坏"元素,则 $x_0 \notin f(x_0)$,而 $f(x_0) = M_{坏}$,即 $x_0 \notin M_{坏}$,矛盾.
故存在一一对应是错误的,即 $\overline{\overline{M}} < \overline{\overline{2^M}}$.

证毕.

为了叙述方便,$\overline{\overline{2^M}}$ 有时记为 $2^{\overline{\overline{M}}}$.

对于此方法许多初学者都感觉抽象难懂,然而著名的理发师悖论问题就采用了类似的推理方法.

从前有一位理发师宣称:"我必须为且只为不给自己理发的人理发."当有一人问他"你给不给自己理发呢"时,他却无法自圆其说了. 如果他给自己理发,他就是给自己理发的人,按他自己的宣言,他不应该给他自己理发;如果他不给自己理发,他就是不给自己理发的人,按他自己的宣言,他必须给他自己理发.

正是由于无最大势的集合存在,全集只是相对而言的"全",没有绝对意义

的"全".

Contor 连续统假设：不存在任何集合 A 满足 $a<\overline{\overline{A}}<c$.

这个问题就复杂多了. 当 $\overline{\overline{M}}$ 为自然数 n 时，$n<2^n$，当 $n>1$ 时，n 与 2^n 之间都有其他数间隔，而且随着 n 的增大，间隔数越来越多. 于是不少的人通过直觉类比认为 a 与 $2^a=c$（由习题 19 不难得到此等式）之间也间隔着其他基数，即有集合 A 满足 $a<\overline{\overline{A}}<c=2^a$. Cantor 认为不存在别的基数，但 Cantor 证明不了，这就是著名的 Cantor 连续统假设. Hilbert 在 1900 年第二届国际数学家大会上将它列为二十三个数学问题的第一个问题. 1940 年，Godel 证明了连续统假设与现有集合论公理的相容性，即不能证明它不真. 1962 年，Stanford 大学的 P. J. Cohen 证明了它与现有集合论公理的独立性，即不能用现有集合论公理证明它真. 于是有

$$0<1<2<\cdots<n<\cdots<a<c=2^a<2^c<2^{2^c}<\cdots$$

且若 $\overline{\overline{A}}>a$，则 $\overline{\overline{A}}\geqslant c$.

也就是说，对 $\mathbf{R}^n$ 中无限集而言，在承认 Cantor 连续统假设前提下，势要么为 a，要么为 c 是正确的. 但对一般无限集而言，无论承认 Cantor 连续统假设与否，势的可能性始终为无限多种.

另外，对有限集而言，0 与 $2^0=1$ 之间、1 与 $2^1=2$ 之间没有夹杂着其他基数，是否对无限集而言，除 $\overline{\overline{A}}=a$ 外都能在现有集合论公理体系下证明 $\overline{\overline{A}}$ 与 $2^{\overline{\overline{A}}}$ 之间存在其他基数呢？也就是说，是否存在集合 B 满足 $\overline{\overline{A}}<\overline{\overline{B}}<2^{\overline{\overline{A}}}$ 呢？如果不能证明，那么是否可以与 Cantor 连续统假设类似，证明此结论与现有集合论公理体系既有独立性又有相容性呢？这是一个比 Cantor 连续统假设更复杂的问题.

第四节 $\mathbf{R}^n$ 空间

数学分析中的极限概念是以距离为基础的，由此可见，距离是一个相当重要的概念，在高等代数中已对 $\mathbf{R}^n$ 按以下三种方式规定过距离.

设 $x=(\xi_1,\xi_2,\cdots,\xi_n)$，$y=(\eta_1,\eta_2,\cdots,\eta_n)\in\mathbf{R}^n$，则

$$d_1(x,y)=\Big[\sum_{i=1}^n(\xi_i-\eta_i)^2\Big]^{\frac{1}{2}}$$

$$d_2(x,y)=\max_{1\leqslant i\leqslant n}|\xi_i-\eta_i|$$

$$d_3(x,y)=\sum_{i=1}^n|\xi_i-\eta_i|$$

距离的定义方法可以是多种多样的，甚至对抽象的集合也可以规定距离，但

必须满足常识性的两点基本要求：① 距离不能为负且只有两点重合时距离才为 0；② 两边之和不小于第三边. 用公理化形式表述如下.

定义 1.4.1 设 X 是一非空集合，且对 X 中任意二元素 x, y 对应一个非负数，并满足距离二公理：

1) $d(x, y) \geqslant 0$，且 $d(x, y) = 0 \Leftrightarrow x = y$ （正定性）；

2) $d(x, y) \leqslant d(x, z) + d(y, z)$ （三角不等式）；

则称 (X, d) 为度量空间或距离空间，X 中的元素称为点，$d(x, y)$ 为点 x, y 之间的距离.

注 1.4.1 "往返距离相等"的基本要求（即对称性），已经隐含在上述定义之中了.

事实上，$d(x, y) \leqslant d(x, x) + d(y, x) = d(y, x)$.

同理 $d(y, x) \leqslant d(x, y)$，故 $d(x, y) = d(y, x)$.

上述 $\mathbf{R}^n$ 按所规定的三种距离都分别成为距离空间（高等代数已验证过满足1)和2)).

例 1.4.1 $\ell^2 = \{(\xi_1, \xi_2, \cdots, \xi_i, \cdots) \mid \sum_{i=1}^{\infty} \xi_i^2 < +\infty\}$ 按 $d(x, y) = [\sum_{i=1}^{\infty} (\xi_i - \eta_i)^2]^{\frac{1}{2}}$ 成为距离空间. 其中，

$$x = (\xi_1, \xi_2, \cdots, \xi_n, \cdots), \quad y = (\eta_1, \eta_2, \cdots, \eta_n, \cdots) \in \ell^2$$

证明 满足1)显然. 对2)只需验证对 $\forall x = (\xi_1, \xi_2, \cdots, \xi_n, \cdots)$，$y = (\eta_1, \eta_2, \cdots, \eta_n, \cdots)$，$z = (\zeta_1, \zeta_2, \cdots, \zeta_n, \cdots)$ 有

$$\left[\sum_{i=1}^{\infty} (\xi_i - \eta_i)^2\right]^{\frac{1}{2}} \leqslant \left[\sum_{i=1}^{\infty} (\xi_i - \zeta_i)^2\right]^{\frac{1}{2}} + \left[\sum_{i=1}^{\infty} (\eta_i - \zeta_i)^2\right]^{\frac{1}{2}}$$

事实上，由 $\mathbf{R}^n$ 中的三角不等式得

$$\left[\sum_{i=1}^{n} (\xi_i - \eta_i)^2\right]^{\frac{1}{2}} \leqslant \left[\sum_{i=1}^{n} (\xi_i - \zeta_i)^2\right]^{\frac{1}{2}} + \left[\sum_{i=1}^{n} (\eta_i - \zeta_i)^2\right]^{\frac{1}{2}}$$

令 $n \to +\infty$ 即得所证不等式.

例 1.4.2 $C[a, b]$ 按 $d(x, y) = \max_{a \leqslant t \leqslant b} |x(t) - y(t)|$ 成为距离空间，容易验证它满足距离条件1)、2).

有了距离概念就可以仿照数学分析定义数列极限那样定义点列极限了.

定义 1.4.2 设 $P_m, P_0 \in \mathbf{R}^n (m = 1, 2, 3, \cdots)$，如果 $\lim_{m \to \infty} d(P_m, P_0) = 0$，则称点列 $\{P_m\}$ 收敛于 P_0，记为 $\lim_{m \to \infty} P_m = P_0$，或 $P_m \to P_0 (m \to +\infty)$.

显然 $\lim_{m \to \infty} P_m = P_0 \Leftrightarrow$ 对 $\forall \varepsilon > 0$，$\exists N$，当 $m > N$ 时，$d(P_m, P_0) < \varepsilon$.

在距离空间 $(\mathbf{R}^n, d_1)$ 中，$P_m \to P_0 (m \to +\infty) \Leftrightarrow x_k^{(m)} \to x_k^{(0)} (m \to +\infty)$，

$k=1, 2, \cdots, n$，其中 $P_m=(x_1^{(m)}, x_2^{(m)}, \cdots, x_n^{(m)})$，$P_0=(x_1^{(0)}, x_2^{(0)}, \cdots, x_n^{(0)})$.

同样可以利用邻域来描述极限，为此，先引入邻域概念.

定义 1.4.3 称集合 $\{p \mid d(p, p_0) < \delta\}$ 为 p_0 的 δ 邻域，并记为 $U(p_0, \delta)$. p_0 称为邻域的中心，δ 称为邻域的半径. 在不需要特别指出半径类型时，也简称为 p_0 的邻域，并记为 $U(p_0)$.

由于距离的规定法不同，其邻域的直观形状可能有差异. 例如，在 $\mathbf{R}^n$ ($n=1, 2, 3$) 中，距离按 d_1 定义时，所谓以 p_0 为中心、δ 为半径的邻域分别是：以 p_0 为中点、2δ 为长度的开区间；以 p_0 为圆心、δ 为半径的开圆；以 p_0 为球心、δ 为半径的开球. 但距离按 d_2 定义时，所谓以 p_0 为中心、δ 为半径的邻域分别是：以 p_0 为中点、2δ 为长度的开区间；以 p_0 为正方形中心、2δ 为边长的开正方形；以 p_0 为正方体中心、2δ 为边长的开正方体.

不难看出：点列 $\{P_m\}$ 收敛于 p_0 的充分必要条件，是对 $\forall \varepsilon > 0$，$\exists N$，当 $m > N$ 时，有 $p_m \in U(p_0)$.

容易验证邻域具有下面的基本性质：

1) $p \in U(p)$；

2) 对于 $\forall q \in U(p)$，$\exists U(q) \subseteq U(p)$；

3) 对于 $\forall U(p_1)$ 和 $U(p_2)$，如果 $\exists p \in U(p_1) \cap U(p_2)$，则 $\exists U(p) \subseteq U(p_1) \cap U(p_2)$；

4) 对于 $\forall q \neq p$，$\exists U(q)$ 和 $U(p)$ 满足 $U(q) \cap U(p) = \emptyset$.

定义 1.4.4 两个非空的点集 A、B 间的距离定义为
$$d(A, B) = \inf_{p \in A, q \in B} d(p, q)$$
如果 A、B 中至少有一个是空集，则规定 $d(A, B) = 0$；若 $B = \{x\}$，则记 $d(A, B) = d(A, x)$.

显然，若 $A \cap B \neq \emptyset$，则 $d(A, B) = 0$.

定义 1.4.5 一个非空的点集 E 的直径定义为
$$\delta(E) = \sup_{p, q \in E} d(p, q)$$
当 $E = \emptyset$ 时，规定 $\delta(\emptyset) = 0$. 显然，$\delta(E) = 0 \Leftrightarrow E$ 为空集或单元素集. 若 $\delta(E) < +\infty$，则称 E 为有界集.

定义 1.4.6 称 $\{(x_1, x_2, \cdots, x_n) \mid x_i \in A_i, i=1, 2, \cdots, n\}$ 为集合 A_i ($i=1,2,3,\cdots,n$) 的直积或称为笛卡儿积，记为 $A_1 \times A_2 \times \cdots \times A_n$ 或 $\prod_{i=1}^{n} A_i$.

定义 1.4.7 若 $I = \prod_{i=1}^{n} I_i$，其中 $I_i = <a_i, b_i>$ 为直线上的区间，则称 I 为

n 维欧氏空间 $\mathbf{R}^n$ 中的区间. 如果所有 I_i 都是开(闭、左开右闭、左闭右开)区间，则称 I 是 $\mathbf{R}^n$ 中开(闭、左开右闭、左闭右开)区间；如果所有的 I_i 都是直线上的有界区间，则称 I 是 $\mathbf{R}^n$ 中的有界区间；如果至少有一个 I_i 是直线上的无界区间，则称 I 是 $\mathbf{R}^n$ 中的无界区间.

注 1.4.2 $\mathbf{R}^2$ 中的有界区间即矩形；$\mathbf{R}^3$ 中的区间即长方体，因此 $\mathbf{R}^n$ 中的区间有时也称为 "长方体".

显然有下述命题成立：

E 为有界集 $\Leftrightarrow$ 存在有界区间 $I \supset E$

$\qquad\qquad \Leftrightarrow$ 存在有界邻域 $U(x_0, \delta) \supset E_0$.

定义 1.4.8 $I = \prod\limits_{i=1}^{n} I_i$，其中 $I_i = <a_i, b_i>$，称 $|I| = \prod\limits_{i=1}^{n}(b_i - a_i)$ 为区间 I 的 "体积"，即 $|I| = \prod\limits_{i=1}^{n}|I_i|$.

当然，这里需约定 $0 \times \infty = \infty \times 0 = 0$，当 $a \neq 0$ 时，$a \times \infty = \infty \times a = \infty$，$\infty \times \infty = \infty$.

注 1.4.3 $\mathbf{R}^1$ 中的区间体积即区间的长度；$\mathbf{R}^2$ 中的区间体积即矩形面积 = 长 × 宽；$\mathbf{R}^3$ 中的区间体积即长方体体积 = 长 × 宽 × 高，因此规定 $\mathbf{R}^n$ 中的区间体积 = n 个边长的乘积.

第五节　$\mathbf{R}^n$ 中几类特殊点和集

本节抓住直线上的开区间、闭区间及其点的基本性质，予以一般化.

对 $\forall E \subseteq \mathbf{R}^n$，我们可以通过看是否存在 x 的完整邻域含于 E 中，将 $\mathbf{R}^n$ 中的点 x 分为三类：

(a) $\exists U(x, \delta)$ 满足 $U(x, \delta) \subseteq E$;

(b) $\forall U(x, \delta)$ 满足 $U(x, \delta) \cap E \neq \varnothing$，$U(x, \delta) \cap CE \neq \varnothing$;

(c) $\exists U(x, \delta)$ 满足 $U(x, \delta) \subseteq CE$.

定义 1.5.1 我们称(a)类点为 E 的内点，记其全体为 E^0，称 E^0 为 E 的内核；(b)类点为 E 的边界点，记其全体为 ∂E，并称 ∂E 为 E 的边界；(c)类点为 E 的外点.

显然，外点全体为 E 的余集之内核 $(CE)^0$，$\mathbf{R}^n = E^0 \bigcup \partial E \bigcup (CE)^0$.

如图 1.5 所示：E 为两矩形区域、区域之间的连接线、实心点组成的集合；实线表示线上的点在 E 中，虚线表示线上的点不在 E 中；实心点表示该点在 E 中，虚心点表示该点不在 E 中；M_1 是 E 的内点，M_2、M_3、M_4、M_5、M_7 是 E 的边界点，M_6 是 E 的外点.

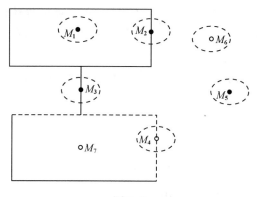

图 1.5

注 1.5.1 E 的内点一定属于 E（如 M_1）；E 的外点一定不属于 E（如 M_6）；E 的边界点既有可能属于 E（如 M_2、M_3、M_5），又有可能不属于 E（如 M_4、M_7）.

注 1.5.2 E 的边界与 CE 的边界相同，即 $\partial E = \partial(CE)$.

注 1.5.3 不要受"$[a,b]$ 的边界只有 a，b 两点"这个具体结论的直观约束，而得出错误的结论："E 的边界 ∂E 相对集合 E 而言只是很少一部分"。事实却不尽然，直线上的有理数全体的边界是整个实数集.

对 $\forall E \subseteq \mathbf{R}^n$，我们也可以通过看 x 的邻域含 E 中的点的多少，将 $\mathbf{R}^n$ 中的点 x 分为三类：

(e) 对 $\forall \delta > 0$，$U(x, \delta) \cap E - \{x\} \neq \varnothing$；

(f) $\exists U(x, \delta)$ 满足 $U(x, \delta) \cap E = \{x\}$；

(g) $\exists U(x, \delta)$ 满足 $U(x, \delta) \cap E = \varnothing$.

定义 1.5.2 我们称 (e) 类点为 E 的聚点（或极限点），记其全体为 E'，并称 E' 为 E 的导集；(f) 类点为 E 的孤立点，显然其全体为 $E - E'$；(g) 类点为 E 的孤立点. 即 $R^n = E' \bigcup (E - E') \bigcup (CE)^0$.

在图 1.5 中，M_1、M_2、M_3、M_4、M_7 是 E 的极限点，M_5 是 E 的孤立点，M_6 是 E 的外点.

第一种分类法的内点，是第二种分类法的聚点；第一种分类法的边界点，既有可能是第二种分类法的聚点（如 M_2、M_3、M_4），又有可能是第二种分类法的孤立点（如 M_5）；第二种分类法的聚点，既有可能是第一种分类法的内点（如 M_1），又有可能是边界点（如 M_2、M_3、M_4）；同样，第二种分类法的孤立点，是第一种分类法的边界点；两种分类方法中的外点概念完全一致.

定义 1.5.3 若对 $\forall \delta > 0$，$U(x, \delta) \cap E \neq \varnothing$，则称 x 为 E 的接触点. 接

触点全体记为 $\overline{E}$，并称 $\overline{E}$ 为 E 的闭包.

显然
$$\overline{E} = E^0 \bigcup \partial E = E' \bigcup \{x \mid x \text{ 为 } E \text{ 的孤立点}\} = E' \bigcup \partial E$$
$$= E' \bigcup E = E \bigcup \partial E = C(CE)^0.$$

例 1.5.1 设 $E = \{(x, y) \mid 0 < (x-5)^2 + (y-4)^2 \leqslant 4\}$
$$\bigcup \left\{(x, 0) \mid x = 1, \frac{1}{2}, \frac{1}{3}, \cdots, \frac{1}{n}, \cdots\right\}$$
$$\bigcup \{(x, 0) \mid x \in (3, 5)\},\text{ 则}$$

$E' = \{(x, y) \mid 0 \leqslant (x-5)^2 + (y-4)^2 \leqslant 4\} \bigcup \{(0, 0)\} \bigcup \{(x, 0) \mid x \in [3, 5]\}$,

$\partial E = \{(5, 4)\} \bigcup \{(x, y) \mid (x-5)^2 + (y-4)^2 = 4\}$
$$\bigcup \left\{(x, 0) \mid x = 0, 1, \frac{1}{2}, \frac{1}{3}, \cdots, \frac{1}{n}, \cdots\right\}$$
$$\bigcup \{(x, 0) \mid x \in [3, 5]\},$$

$E^0 = \{(x, y) \mid 0 < (x-5)^2 + (y-4)^2 < 4\}$,

$\overline{E} = \{(x, y) \mid (x-5)^2 + (y-4)^2 \leqslant 4\}$
$$\bigcup \left\{(x, 0) \mid x = 0, 1, \frac{1}{2}, \frac{1}{3}, \cdots, \frac{1}{n}, \cdots\right\} \bigcup \{(x, 0) \mid x \in [3, 5]\},$$

E 的孤立点集为 $E - E' = \left\{(x, 0) \mid x = 1, \frac{1}{2}, \frac{1}{3}, \cdots, \frac{1}{n}, \cdots\right\}$.

"极限点"中的"极限"二字体现在何处呢? 下述定理将对此作出解释.

定理 1.5.1 $x \in E' \Leftrightarrow \exists$ 互异点列 $x_n \in E$, $x_n \neq x$, 且 $x_n \to x(n \to +\infty)$.

证明 "$\Rightarrow$" 因为 $x \in E'$，所以对 $\delta_n = \min\{\frac{1}{n}, d(x, x_{n-1})\} > 0$,
$\exists x_n \in U(x, \delta_n) \bigcap E - \{x\}$, 显然 $x_n \in E$ 互异, $x_n \neq x$, 且 $x_n \to x(n \to +\infty)$.

"$\Leftarrow$" 若 $\exists x \in E$, 且 $x_n \neq x$, 但 $x_n \to x(n \to +\infty)$, 则对 $\forall \delta > 0$, $\exists N$, 当 $n > N$ 时, $x_n \in U(x, \delta) \bigcap E - \{x\}$, 故 $x \in E'$.

证毕.

即之所以称 x 为 E 的"极限点", 原因是 x 可以表示成 E 中一串异于 x 的点列 x_n 的极限.

"聚点"中的"聚"字又体现在哪里呢? 下述定理将对此作出解释.

定理 1.5.2 $x \in E' \Leftrightarrow \forall \delta > 0, U(x, \delta) \bigcap E$ 为无限集.

证明 "$\Leftarrow$" 显然.

"$\Rightarrow$" 因为 $x \in E'$, 所以 $\exists x_n \in E$, 且 $x_n \neq x$, 但 $x_n \to x(n \to +\infty)$, 则对 $\forall \delta > 0$, $\exists N$, 当 $n > N$ 时, $x_n \in U(x, \delta) \bigcap E - \{x\}$, 故 $U(x, \delta) \bigcap E$ 为无限集.

证毕.

极限点之所以又称 x 为 E 的"聚点",原因是在 x 的任意一个小邻域内都"聚集"着 E 的无限多个点.

在数学分析中要看一个区间 I 是开还是闭,只需看它是否将作为边界的两个端点包含在内. 对于 $\mathbf{R}^n$ 中一般的集合 G 是开还是闭,也可以只看是否包含边界集,于是我们给出如下定义.

定义 1.5.4 若 $\partial E \cap E = \varnothing$,则称 E 为开集;若 $\partial E \subseteq E$,则称 E 为闭集. 开集与闭集这两个概念既不互斥,也不互补.

例 1.5.2 1) 直线上的开区间,平面上的开圆盘皆为开集;

2) 直线上的闭区间,平面上的闭圆盘皆为闭集;

3) $(a, b]$ 既不是开集,又不是闭集;

4) $\mathbf{R}^n$ 和 $\varnothing$ 既是开集又是闭集.

定理 1.5.3 1) E 为开集 $\Leftrightarrow E \subseteq E^0$;

2) E 为闭集 $\Leftrightarrow E' \subseteq E$.

证明 1) "$\Rightarrow$" 因为 E 为开集,所以 $\partial E \cap E = \varnothing$,故 $E \subseteq E^0$;

"$\Leftarrow$" 因为 $E \subseteq E^0$,所以 $\partial E \cap E = \varnothing$,故 E 为开集.

2) "$\Rightarrow$" 因为 E 为闭集,所以 $\partial E \subseteq E$,而 $E' \subseteq \partial E \cup E \subseteq E$,从而 $E' \subseteq E$;

"$\Leftarrow$" 若 $E' \subseteq E$,则 $\partial E \subseteq E' \cup \{x \mid x$ 为 E 的孤立点$\} \subseteq E$,故 E 是闭集. 证毕.

大多数教材均以此充分必要条件作为开集、闭集的定义.

定理 1.5.4 对 $\forall E \subseteq \mathbf{R}^n$,$E^0$ 为开集.

证明 对 $\forall x \in E^0$,$\exists \delta > 0$,$U(x, \delta) \subseteq E$;对 $\forall y \in U(x, \delta)$,$\exists \delta_1 = \delta - d(x, y) > 0$;对 $\forall z \in U(y, \delta_1)$,$d(x, z) \leqslant d(x, y) + d(y, z) < \delta$,即 $Z \in U(y, \delta_1) \subseteq U(x, \delta) \subseteq E$,即 $y \in E^0$. 从而 $U(x, \delta) \subseteq E^0$,即 $E^0 \subseteq (E^0)^0$,故 E^0 是开集.

证毕.

定理 1.5.5 开集与闭集的对偶性:

1) 若 E 为开集,则 CE 为闭集;

2) 若 E 为闭集,则 CE 为开集.

证明 1) 因为 E 是开集,所以 $\partial E \cap E = \varnothing$,则 $\partial E = \partial CE \subseteq CE$,故 CE 是闭集;

2) 因为 E 是闭集,所以 $\partial E \subseteq E$,而 $\partial E = \partial CE$,$CE \cap \partial CE = \varnothing$,故 CE 是开集. 证毕.

定理 1.5.6 1) $\mathbf{R}^n$、$\varnothing$ 是开集；

2) 有限个开集之交是开集；

3) 任意多个开集之并是开集.

证明 1)、3) 很显然.

2) 若 $\bigcap_{i=1}^{n} E_i = \varnothing$，则 $\bigcap_{i=1}^{n} E_i$ 显然是开集. 若 $\bigcap_{i=1}^{n} E_i \neq \varnothing$，对 $\forall x \in \bigcap_{i=1}^{n} E_i$，则 x 为每一个 E_i 的内点，即 $\exists \delta_i > 0$ 满足 $U(x, \delta_i) \subseteq E_i$. 令 $\delta = \min_{1 \leqslant i \leqslant n} \delta_i > 0$，则 $U(x, \delta) \subseteq \bigcap_{i=1}^{n} U(x, \delta_i) \subseteq \bigcap_{i=1}^{n} E_i$，即 x 为 $\bigcap_{i=1}^{n} E_i$ 的内点，故 $\bigcap_{i=1}^{n} E_i$ 为开集.

证毕.

注 1.5.4 定理 1.5.4 之 2) 的条件"有限个"不能少，见反例如下.

例 1.5.3 $\forall n$，$G_n = \left(-\dfrac{1}{n}, \dfrac{1}{n}\right)$ 是开集，$G = \bigcap_{n=1}^{\infty} \left(-\dfrac{1}{n}, \dfrac{1}{n}\right) = \{0\}$ 不再是开集.

注 1.5.5 不仅 $\mathbf{R}^n$ 中开集具有以上三条性质，一般距离空间也有此性质. 在拓扑空间中以上三条性质则是描述开集概念的三条公理.

定理 1.5.7 1) $\mathbf{R}^n$、$\varnothing$ 是闭集；

2) 有限个闭集之并是闭集；

3) 任意多个闭集之交是闭集.

证明 1) 显然.

2) 要证 $\bigcup_{i=1}^{n} E_i$ 是闭集，只需证 $\complement \bigcup_{i=1}^{n} E_i$ 是开集，而 $\complement \bigcup_{i=1}^{n} E_i = \bigcap_{i=1}^{n} \complement E_i$，因为 E_i 是闭集，所以由定理 1.5.3 知 $\complement E_i$ 是开集，$\bigcap_{i=1}^{n} \complement E_i$ 是开集，故 $\bigcup_{i=1}^{n} E_i$ 是闭集.

3) 同理可证.

证毕.

注 1.5.6 定理 1.5.5 之 2) 的条件"有限个"不能少，见反例如下.

例 1.5.4 $\forall n$，$F_n = \left[0 + \dfrac{1}{n+1}, 1 - \dfrac{1}{n+1}\right]$ 是闭集，$F = \bigcup_{n=1}^{\infty} \left[\dfrac{1}{n+1}, 1 - \dfrac{1}{n+1}\right] = (0, 1)$ 不再是闭集.

定理 1.5.8 对任意集合 E，∂E、$\overline{E}$ 均为闭集.

证明 1) 因为 E°、$(\complement E)^\circ$ 开，所以 $\partial E = \complement [E^\circ \cup (\complement E)^\circ]$ 闭集.

2) 由 $\overline{E} = \complement [(\complement E)^\circ]$ 知 $\overline{E}$ 是闭集.

证毕.

定理 1.5.9　E 为闭集 $\Leftrightarrow E = \overline{E}$.

证明　"$\Leftarrow$" 由定理 1.5.8 即得.

"$\Rightarrow$" 因为 E 是闭集，所以 $\partial E \subseteq E$，即 $E = \partial E \cup E = \overline{E}$.

证毕.

定理 1.5.10　对 $\forall E \subseteq \mathbf{R}^n$，$E'$ 为闭集.

证明　只需证 $G = C(E')$ 是开集. 事实上，对 $\forall x \in C(E') = G$，即 $x \notin E'$，则 $\exists \delta > 0$ 满足 $U(x, \delta) \cap E - \{x\} = \varnothing$，对 $\forall y \in U(x, \delta)(y \neq x)$，$\exists \delta_1 = \min\{\delta - d(x, y), d(x, y)\} > 0$，$U(y, \delta_1) \subseteq U(x, \delta)$ 满足 $U(y, \delta) \cap E - \{y\} = \varnothing$，即 $y \notin E'$，所以 $y \in C(E') = G$，即 $U(x, \delta) \subseteq G$，故 G 是开集，从而 E' 为闭集.

证毕.

定义 1.5.5　若 $A \subset E'$，则称 E 在 A 中稠密；特别地，若 $E \subseteq E'$，则称 E 为自密集；若 $E' = E$，则称 E 为完备集.

显然，自密集是没有孤立点的集合，完备集是没有孤立点的闭集.

例 1.5.5　① 有理数集、无理数集、代数数集、超越数集都是自密集而不是闭集；② $\{-2\} \cup [0, +\infty)$ 是闭集但不是自密集；③ $\{-5\} \cup \{x \mid x$ 为 $[-2, -1]$ 中代数数$\}$ 既不是自密集，又不是闭集；④ $[0, 1]$，$\varnothing$，$\mathbf{R}^n$，$[-2, -1] \cup [0, +\infty)$ 都既是自密集，又是闭集，从而是完备集.

第六节　$\mathbf{R}^n$ 中有界集的几个重要定理

是否每一个集合都有极限点呢？

定理 1.6.1（Weierstrass 聚点原理）　设 E 为 $\mathbf{R}^n$ 中有界无限集，则 $E' \neq \varnothing$.

证明　取互异点列 $M_k = (x_1^k, x_2^k, \cdots, x_n^k) \in E$，由于 E 有界，所以 $\{M_k \mid k = 1, 2, \cdots\}$ 有界，从而 $\{x_1^k \mid k = 1, 2, \cdots\}$ 是有界集. 由数学分析中已证明的直线上的聚点原理知：$\exists x_1^0$ 及 x_1^k 的子列 $x_1^{k_{i_1}} \to x_1^0$. 这时 $M_{k_{i_1}}$ 满足第一个坐标收敛，对于第二个坐标 $x_2^{k_{i_1}}$ 可能不收敛，但有界. 由直线上的聚点原理知：$\exists x_2^0$ 及 $x_2^{k_{i_1}}$ 的子列 $x_2^{k_{i_1 i_2}} \to x_2^0$，则 $M_{k_{i_1 i_2}}$ 满足第一、第二坐标都收敛. 此过程继续作下去，第 n 次找到的子列 $M_{k_{i_1 i_2 \cdots i_n}}$ 便满足所有坐标都收敛，即

$$M_{k_{i_1 i_2 \cdots i_n}} \to M_0$$

其中 $M_0 = (x_1^0, x_2^0, \cdots, x_n^0)$，故 M_0 为 E 中的聚点.

证毕.

推论 1.6.1　有界点列必有收敛子列.

作为聚点原理的应用，可以证明著名的 Borel 有限覆盖定理和距离可达定理.

注 1.6.1 条件"有界"不能少，如 $\{1, 2, \cdots, n, \cdots\}$ 就没有聚点.

定理 1.6.2(Borel 有限覆盖定理) 设开集族 $\{U_\alpha \mid \alpha \in I\}$ 是一有界闭集 F 的覆盖，即 $F \subseteq \bigcup_{\alpha \in I} U_\alpha$，则在此开集族中存在有限个开集 $\{U_{\alpha_i} \mid i = 1, 2, \cdots, n\}$ 同样覆盖 F，即 $F \subseteq \bigcup_{i=1}^{n} U_{\alpha_i}$.

我们先退而求其次，暂不证存在有限覆盖，先证存在可数覆盖.

引理 1.6.1(Lindloff 可列覆盖定理) 设开集族 $\mathfrak{A} = \{U_\alpha \mid \alpha \in I\}$（这里 I 为无限集）是 $\mathbf{R}^n$ 中一有界闭集 F 的覆盖，即 $F \subseteq \bigcup_{\alpha \in I} U_\alpha$，则存在可数个开集

$$\{U_{\alpha_1}, U_{\alpha_2}, \cdots, U_{\alpha_i}, \cdots\} \subset \mathfrak{A}$$

覆盖 F，即 $F \subseteq \bigcup_{i=1}^{\infty} U_{\alpha_i}$.

证明 对 $\forall x \in F$，$\exists U_{\alpha_x}$ 满足 $x \in U_{\alpha_x}$，而对开集 U_{α_x} 存在有理坐标点 p_x，及有理半径 r_x 满足 $x \in U(p_x, r_x) \subseteq U_{\alpha_x}$. 事实上，$\exists \delta > 0, U(x, \delta) \subseteq U_{\alpha_x}$，取有理坐标点 $p_x \in U\left(x, \dfrac{\delta}{3}\right)$，有理数半径 $r_x < \dfrac{2\delta}{3}$ 即可.

由定理 1.2.6 知：$\{U(p_x, r_x) \mid p_x$ 为有理坐标点，$r_x \in \mathbf{Q}^+, x \in F\}$ 为至多可数集，从而可以简记为 U_i. 由 $U(p_x, r_x)$ 的选取方法可知：$\exists U_{\alpha_i}$ 满足 $U_i \subseteq U_{\alpha_i}$，于是

$$F \subseteq \bigcup_{i=1}^{\infty} U_i \subseteq \bigcup_{i=1}^{\infty} U_{\alpha_i}$$

证毕.

现在证明定理 1.6.2：即在已知 $F \subseteq \bigcup_{i=1}^{\infty} U_i$ 的条件下证 $\exists n$ 满足 $F \subseteq \bigcup_{i=1}^{n} U_i$，若不然，则对 $\forall n$，$\exists x_n \in F - \bigcup_{i=1}^{n} U_i$. 由聚点原理知，$\exists x_0$、$x_{n_i}$ 满足 $x_{n_i} \to x_0 (n_i \to \infty)$，又因为 F 是闭集，所以 $x_0 \in F$，从而 $\exists U_{i_0}$ 满足 $x_0 \in U_{i_0}$，于是 $\exists M$，当 $n_i > M$ 时有 $x_{n_i} \in U_{i_0}$；另一方面，由 x_{n_i} 的选取法可知，对 $\forall n_i > i_0$，$x_{n_i} \notin U_{i_0}$，矛盾.

证毕.

注 1.6.2 条件"有界"不能少，如 $F = [0, +\infty)$ 为闭集，但对开覆盖 $\mathfrak{A} = \{(n-2, n+2) \mid n \in \mathbf{N}\}$ 并不存在有限覆盖.

注 1.6.3 条件"闭"不能少，如 $F = (0, 1)$ 为有界集，但对开覆盖 $\mathfrak{A} = \left\{\left(\dfrac{1}{n}, 1\right) \mid n \in \mathbf{N}\right\}$ 并不存在有限覆盖.

定理 1.6.3(距离可达与隔离性定理) 设 A、B 为互不相交的非空闭集，且至少有一个有界，则

1) $\exists x_0 \in A$, $y_0 \in B$ 使得 $d(x_0, y_0) = d(A, B) > 0$;

2) $\exists$ 开集 U_1, U_2 满足 $U_1 \cap U_2 = \varnothing$，且 $A \subseteq U_1$, $B \subseteq U_2$.

证明 1) 由集合间的距离定义知，$\exists x_n \in A$, $y_n \in B$，使得
$d(A, B) < d(x_n, y_n) < d(A, B) + \dfrac{1}{n}$. 不妨假定 A 有界，由聚点原理知，$\exists x_0$、x_{n_i} 满足 $x_{n_i} \to x_0 \in A$，因为
$$d(x_0, y_{n_i}) < d(x_0, x_{n_i}) + d(x_{n_i}, y_{n_i}) < d(x_0, x_{n_i}) + d(A, B) + \dfrac{1}{n_i}$$
所以 $\{y_{n_i}\}$ 有界；又由聚点原理知，$\exists y_0$、$y_{n_{ij}}$ 满足 $y_{n_{ij}} \to y_0$，于是 $\exists x_0 \in A$, $y_0 \in B$，使得 $d(x_0, y_0) \leqslant d(A, B)$，故 $d(x_0, y_0) = d(A, B)$.

2) 令 $\delta = d(A, B) > 0$，则 $U_1 = \bigcup\limits_{x \in A} O\left(x, \dfrac{\delta}{2}\right)$, $U_2 = \bigcup\limits_{y \in B} O\left(y, \dfrac{\delta}{2}\right)$ 满足结论的所有要求.

证毕.

注 1.6.4 条件"至少有一个有界"不能少，如
$$A = \left\{n + \dfrac{1}{n+1} \mid n = 2, 3, \cdots\right\}, B = \{n \mid n = 2, 3, \cdots\}$$
为两个不相交的闭集，距离 $d(A, B) = 0$，但并不存在可达点 x_0, y_0 满足 $d(x_0, y_0) = d(A, B) = 0$.

推论 1.6.2 设 A 为非空闭集，则对 $\forall x \in \mathbf{R}^n$, $\exists x_0 \in A$ 满足 $d(x, A) = d(x, x_0)$.

证明 若 $x \in A$，取 $x_0 = x \in A$ 即可. 若 $x \notin A$，令 $B = \{x\}$ 有界闭，由定理 1.6.3 即得.

证毕.

对两个不相交的无界闭集，尽管距离不一定可达，可以另辟蹊径证明隔离性定理的下述一般形式.

定义 1.6.1 设 A、$B \subseteq \mathbf{R}^n$，若 $\exists$ 开集 U_1, U_2 满足 $U_1 \cap U_2 = \varnothing$，且 $A \subseteq U_1$, $B \subseteq U_2$，则称 A、B 是可隔离的.

定理 1.6.4(隔离性定理的一般形式) A、B 是可隔离的 $\Leftrightarrow \overline{A} \cap B = \varnothing$, $A \cap \overline{B} = \varnothing$.

证明 "$\Rightarrow$" 反证：不妨假定 $\exists x_0 \in \overline{A} \cap B$，由于 A、B 是可隔离的，所以 $\exists$ 开集 U_1、U_2 满足 $U_1 \cap U_2 = \varnothing$，且 $A \subseteq U_1$, $B \subseteq U_2$. 由 $x_0 \in B$ 得 $x_0 \in U_2$，而

$x_0 \in \overline{A}$，则 $\exists x_n \in A \subseteq U_1$ 满足 $x_n \to x_0$，因为 $x_0 \in U_2$ 且 U_2 开，所以 $\exists N$，当 $n > N$ 时 $x_n \in U_2$，这与 $U_1 \cap U_2 = \varnothing$ 相矛盾，故 $\overline{A} \cap B = \varnothing$，同理 $A \cap \overline{B} = \varnothing$.

"$\Leftarrow$" 因为 $A \cap \overline{B} = \varnothing$，$\overline{A} \cap B = \varnothing$，所以由推论 1.6.2 知：对 $\forall x \in A$ 有 $r_x = d(x, \overline{B}) > 0$，$\forall y \in B$ 有 $r_y = d(\overline{A}, y) > 0$，于是令

$$U_1 = \bigcup_{x \in A} U\left(x, \frac{r_x}{2}\right),\ U_2 = \bigcup_{y \in B} U\left(y, \frac{r_y}{2}\right),$$

则 U_1、U_2 是开集，且 $A \subseteq U_1$，$B \subseteq U_2$. 剩余的只需证 $U_1 \cap U_2 = \varnothing$.

若不然，$\exists z \in U_1 \cap U_2$，则 $\exists x_0 \in A,\ y_0 \in B,\ d(z, x_0) < \dfrac{r_{x_0}}{2},\ d(z, y_0) < \dfrac{r_{y_0}}{2}$，不妨设 $r_{x_0} = \max\{r_{x_0}, r_{y_0}\}$，从而

$$r_{x_0} = d(x_0, \overline{B}) \leqslant d(x_0, y_0) \leqslant d(x_0, z) + d(z, y_0) < r_{x_0},$$

矛盾.

证毕.

推论 1.6.3 若 $A \cap B = \varnothing$，且均为闭集，则 A、B 是可隔离的，即 $\exists$ 开集 U_1、U_2 满足 $U_1 \cap U_2 = \varnothing$，且 $A \subseteq U_1$，$B \subseteq U_2$.

推论 1.6.4 若 $d(A, B) > 0$，则 A、B 是可隔离的，即 $\exists$ 开集 U_1、U_2 满足 $U_1 \cap U_2 = \varnothing$，且 $A \subseteq U_1$，$B \subseteq U_2$.

推论 1.6.5 A、B 是可隔离的 $\Leftrightarrow A \cap B = A \cap \partial B = \partial A \cap B = \varnothing$.

第七节　$\mathbf{R}^n$ 中开集的结构及其体积

开区间是开集，即使是直线上的开集不一定是开区间，但直线上的开集与开区间有着密切联系，一般空间的开集与区间也有密切联系.

1. 直线上开集、闭集、完备集的结构

定义 1.7.1 设 G 为直线上的开集，如果 $(a, b) \subseteq G$，且 $a, b \notin G$，则称 (a, b) 为 G 的构成区间. 这里 a、b 可以为 $\pm \infty$.

定理 1.7.1 设 G 为直线上的非空开集，则 G 可表示为至多可数个互不相交的构成区间的并. 反之，若非空开集 G 已表示为至多可数个互不相交的开区间的并，则这些区间为 G 的构成区间.

证明 1) G 的任意两个构成区间要么互不相交，要么完全重合. 事实上，若 (a_1, b_1) 与 (a_2, b_2) 为 G 的两个不同的构成区间，不妨设 $a_1 < a_2$，则必然有 $b_1 \leqslant a_2$. 否则，$a_1 < a_2 < b_1$，即 $a_2 \in (a_1, b_1) \subset G$. 另一方面，$(a_2, b_2)$ 是构成区间，则 $a_2 \notin G$，矛盾.

2) 对任意 $x \in G$，由开集的定义知，$\exists (\alpha, \beta)$ 满足 $x \in (\alpha, \beta) \subset G$，并将 α 尽可能往左移，移到第一次出现 $\alpha_x \notin G$ 为止；将 β 尽可能往右移，移到首次出现 $\beta_x \notin G$ 为止，即令 $\alpha_x = \inf\{\alpha \mid x \in (\alpha, \beta) \subset G\}$，$\beta_x = \sup\{\beta \mid x \in (\alpha, \beta) \subset G\}$，便得到构成区间 (α_x, β_x).

事实上，对 $\forall y$ 满足 $\alpha_x < y < x$，$\exists \alpha$ 满足 $\alpha_x \leqslant \alpha < y < x < \beta$，且 $(\alpha, \beta) \subset G$，故 $y \in G$. 同理，对 $\forall y \in (x, \beta_x)$ 有 $y \in G$，即 $(\alpha_x, \beta_x) \subset G$. 还可证 $\alpha_x, \beta_x \notin G$，若不然，不妨假定 $\alpha_x \in G$，则 $\exists \delta > 0$，$(\alpha_x - \delta, \alpha_x + \delta) \subset G$，于是 $x \in (\alpha_x - \delta, \beta) \subset G$，这与 α_x 的定义相矛盾，故 $\alpha_x \notin G$. 同理 $\beta_x \notin G$.

3) $G = \bigcup\limits_{x \in G} (\alpha_x, \beta_x)$ 由 1) 知构成区间至多可数，从而 $G = \bigcup\limits_{i \in I} (\alpha_i, \beta_i)$（其中 I 至多可数）.

4) 若已知 $G = \bigcup\limits_{i \in I} (\alpha_i, \beta_i)$（其中 I 至多可数），且其中 (α_i, β_i) 互不相交，则 $\alpha_i, \beta_i \notin G(i = 1, 2, \cdots)$. 若不然，则存在 $\alpha_{i_0} \in G$，那么必存在 $(\alpha_{i_1}, \beta_{i_1})$ 满足 $\alpha_{i_0} \in (\alpha_{i_1}, \beta_{i_1})$，这与已知互不相交矛盾，故 (α_i, β_i) 为 G 的构成区间.

证毕.

定理 1.7.2 直线上闭集或是全直线或是从直线上挖去至多可数个互不相交的开区间后剩下的集.

我们将所挖去的开区间称为该闭集的余区间.

由于直线上闭集的孤立点刚好是二余区间的公共端点. 于是有：

定理 1.7.3 直线上的完备集或是全直线或是从直线上挖去至多可数个互不相交的、且无公共端点的开区间后剩下的集.

例 1.7.1 设 Cantor G_0，P_0 集是按下述方法作出的集合.

第一步：将 $[0, 1]$ 三等分，挖去中间一个开区间，剩下两个闭区间.

第二步：将第一步所剩两个闭区间各自三等分，并分别挖去各自的中间一个开区间，剩下 4 个闭区间，如图 1.6 所示.

……

第 n 步：将第 $n-1$ 步所剩 2^{n-1} 闭区间各自三等分，并分别挖去各自的中间一个开区间，剩下 2^n 个闭区间.

……

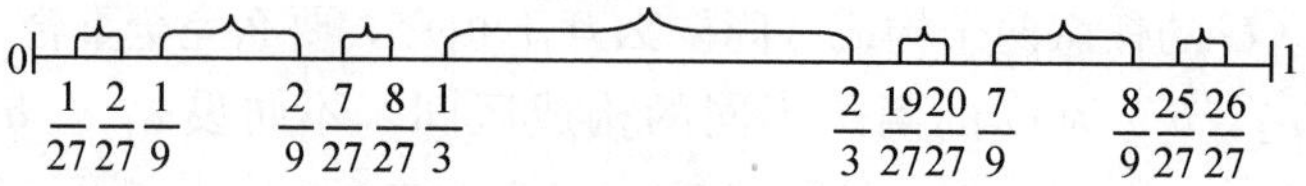

图 1.6

各步挖去的所有开区间之并记为 G_0，挖去后剩下的集合记为 P_0，则 G_0、P_0 有下列特殊性质.

定理 1.7.4　1) G_0 是开集，P_0 是闭集；

2) P_0 完备；

3) P_0 无内点；

4) P_0 势为 c.

证明　1) 显然，G_0 是开集，P_0 是闭集.

2) 由于 G_0 中各区间相互无共同端点，且与 $(-\infty, 0)$，$(1, +\infty)$ 也无共同端点，即 P_0 无任何孤立点，故 P_0 是完备集.

3) 由于第 n 次所剩区间长度为 $\dfrac{1}{3^n} \to 0$，故 P_0 不可能含有任何内点.

4) 由 P_0 的构造方法知：P_0 集是三进制 $[0,1]$ 中那些可以不用数字 1 表示的数全体(事实上，第一次挖去的区间正是第一位小数必须出现数字 1 的小数全体，第二次挖去的区间正是第二位小数必须出现数字 1 的小数全体，第 n 次挖去的区间正是第 n 位小数必须出现数字 1 的小数全体，这里 0.1 因在三进制中可通过表示成数字 2 的无限循环小数 $0.0222\cdots$ 即可回避用数字 1，而被保留下来，其他数同理). 也就是说，P_0 集中的数用三进制表示时具有如下形式

$$x = 0.a_1 a_2 \cdots a_n \cdots$$

其中 a_n 或者为 0，或者为 2.

作映射 $f: x = 0.a_1 a_2 \cdots a_n \cdots \to y = 0.b_1 b_2 \cdots b_n \cdots$，其中 $b_n = \begin{cases} 0 & a_n = 0 \\ 1 & a_n = 2 \end{cases}$，

则 f 是三进制表示的 P_0 集与二进制表示的 $[0,1]$ 之间的一一对应，即 P_0 集势为 c.

证毕.

关于 P_0 不含有内点，在直觉上容易接受；但 P_0 集无孤立点，却难以被初学者理解. 不少人的直觉是"随着挖的次数增多，剩下的集合越来越零散，最后将只剩一些孤零零的区间端点"，于是还造成 P_0 集至多可数的错觉.

P_0 集是 c 势集，说明 P_0 集除含 G_0 的可数个构成区间的端点外还有大量的其他点，且是自密集，没有一个孤立点.

对于二维及其多维空间中的开集，定理 1.7.1 不再成立，但有下述一般性的结论.

2. $\mathbf{R}^n$ 中开集、闭集、完备集的结构

定理 1.7.5　设非空开集 $G \subseteq \mathbf{R}^n$，则 G 可以表示成可数个互不相交的左开右

闭的半开半闭区间之并.

证明 为了叙述方便,接下来以 $n=2$ 的情形为例予以说明. 设 G 为 $\mathbf{R}^2$ 中的开集,作两簇平行线

$$x = \ell + \left(\frac{\nu}{2^k}\right), \quad y = m + \left(\frac{\mu}{2^k}\right)$$

其中 $\ell, m = 0, \pm 1, \pm 2, \cdots; \mu, \nu = 1, 3, 7, \cdots, 2^k (k=1, 2, \cdots)$. 令
$I_{\ell, m, \nu, \mu, k} = \left\{(x, y) \mid \ell + \frac{\nu-1}{2^k} < x \leqslant \ell + \frac{\nu}{2^k}, m + \frac{\mu-1}{2^k} < y \leqslant m + \frac{\mu}{2^k}\right\}$.

由于 G 是开集,对 $\forall x \in G$,$\exists I_{\ell_x, m_x, k_x, \mu_x, \nu_x}$(以下简记为 I_x)满足 $x \in I_x \subseteq G$,则 $\bigcup\limits_{x \in G} I_x = G$,其中 I_x 要么互不相交,要么一个包含另一个. 对于一个包含另一个的情形,去掉范围小者留下范围大者,即得可数个互不相交的左开右闭的区间,故 $\bigcup\limits_{i=1}^{\infty} I_{x_i} = G$,如图 1.7 所示.

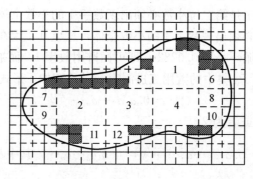

图 1.7

证毕.

注 1.7.1 将开集分解成左开右闭的区间时一定是可数个,不可能是有限个,且分解法不唯一.

定义 1.7.2 若开集 $G = \bigcup\limits_{i=1}^{\infty} I_i$,其中 I_i 为互不相交的左开右闭区间,则称 $|G| = \sum\limits_{i=1}^{\infty} |I_i|$ 为 G 的"体积".

注 1.7.2 要 G 的"体积"定义合理,必须要 $|G|$ 有确定意义,必须证明"尽管 G 的分解不唯一,但分解后的区间长度之和是一常数",即需在证明下述引理和定理后方能承认其 G 的"体积"定义有确定意义,初学者可以略去证明过程.

引理 1.7.1 设 I 是 $\mathbf{R}^n$ 中的有界区间,$I = \bigcup\limits_{i=1}^{\infty} I_i$,其中 I_i 为互不相交的左开

右闭区间,则 $|I| = \sum_{i=1}^{\infty} |I_i|$.

证明 1) 对 $\forall n$,$\exists m$ 及有限个互不相交的区间 H_j 满足 $I - (\bigcup_{i=1}^{n} I_i) = (\bigcup_{j=1}^{m} H_j)$,于是 $|I| - \sum_{i=1}^{n} |I_i| = \sum_{j=1}^{m} |H_j| \geq 0$,故 $\sum_{i=1}^{\infty} |I_i| \leq |I|$.

2) 对 $\forall \varepsilon > 0$,添加有限个包含 I 的边界的开区间 $K_i (i=1,2,\cdots,\ell)$ 满足 $\sum_{i=1}^{\ell} |K_i| < \frac{\varepsilon}{2}$,同时将每一个区间 I_i 适当扩宽范围为包含 I_i、闭包 $\bar{I}_i$ 的开区间 J_i,且 $|J_i| \leq |I_i| + \frac{\varepsilon}{2^{i+1}}$,最后将 K_i 和 J_i 统一编号为 W_j,则 $\bar{I} \subseteq \bigcup_{j=1}^{\infty} W_j$,而 $\bar{I}$ 有界闭,又由有限覆盖定理知,$\exists n$ 满足 $\bar{I} \subseteq \bigcup_{j=1}^{n} W_j$,故

$$|I| \leq |\bar{I}| \leq \sum_{j=1}^{n} |W_j| \leq \sum_{j=1}^{\infty} |W_j| \leq \sum_{i=1}^{\infty} |I_i| + \varepsilon$$

由 ε 的任意性知 $|I| \leq \sum_{i=1}^{\infty} |I_i|$,综合 1)、2) 即得所证结论.

证毕.

定理 1.7.6 若开集 $G = \bigcup_{i=1}^{\infty} I_i = \bigcup_{j=1}^{\infty} H_j$,其中 $\{I_i\}$、$\{H_j\}$ 各自为互不相交的左开右闭区间族,则 $\sum_{i=1}^{\infty} |I_i| = \sum_{j=1}^{\infty} |H_j|$.

证明 因为对 $\forall i,j$,$I_i \cap H_j$ 要么为 $\varnothing$,要么为互不相交的左开又闭的区间,且 $I_i = \bigcup_{j=1}^{\infty} [I_i \cap H_j]$,于是

$$\sum_{i=1}^{\infty} |I_i| = \sum_{i=1}^{\infty} \sum_{j=1}^{\infty} |I_i \cap H_j| = \sum_{j=1}^{\infty} \sum_{i=1}^{\infty} |I_i \cap H_j| = \sum_{j=1}^{\infty} |H_j|$$

证毕.

注 1.7.3 鉴于对一维而言,每个构成区间都能表成可数个互不相交的左开右闭区间之并 $I_i = (\alpha_i, \beta_i) = \bigcup_{j=1}^{\infty} (\alpha_{i_{j-1}}, \alpha_{i_j}]$,其中,$\alpha_{i_j} \to \beta_i$,$\alpha_i = \alpha_{i_0} < \alpha_{i_1} < \cdots < \alpha_{i_j} < \cdots < \beta_i$,于是 $G = \bigcup_{i=1}^{\infty} I_i = \bigcup_{i=1}^{\infty} \bigcup_{j=1}^{\infty} (\alpha_{i_{j-1}}, \alpha_{i_j}]$ 不仅说明了定理 1.7.1 与定理 1.7.5 并不矛盾,更表明直线上的开集 G 的总长度 $|G| = \sum_{i=1}^{\infty} \sum_{j=1}^{\infty} |(\alpha_{i_{j-1}}, \alpha_{i_j}]| = \sum_{i=1}^{\infty} |I_i|$ 恰为构成区间长度之总和.

例 1.7.2 求 Cantor G_0 集的长度 $|G_0|$.

解 G_0 集的构成区间为 $\left(\frac{1}{3}, \frac{2}{3}\right)$, $\left(\frac{1}{9}, \frac{2}{9}\right)$, $\left(\frac{7}{9}, \frac{8}{9}\right)$, …, 所以

$$|G_0| = 1 \times \left(\frac{1}{3}\right) + 2 \times \left(\frac{1}{3}\right)^2 + \cdots + 2^{n-1} \times \left(\frac{1}{3}\right)^n + \cdots = 1$$

即开集 $|G_0|$ 长度与 $[0, 1]$ 整个区间长度相等.

思考：能否对 $\forall 0 \leqslant \alpha < 1$, 与 G_0 类似求作开集 $G_\alpha \subset [0, 1]$ 满足 $|G_\alpha| = 1 - \alpha$?

习 题 一

1. 证明 $A \cup (B \cap C) = (A \cup B) \cap (A \cup C)$.

2. 证明：
1) $A - B = A - (A \cap B) = (A \cup B) - B$;
2) $A \cap (B - C) = (A \cap B) - (A \cap C)$;
3) $(A - B) - C = A - (B \cup C)$;
4) $A - (B - C) = (A - B) \cup (A \cap C)$;
5) $(A - B) \cap (C - D) = (A \cap C) - (B \cup D)$;
6) $A - (A - B) = A \cap B$.

3. 证明：
1) $(A \cup B) - C = (A - C) \cup (B - C)$;
2) $A - (B \cap C) = (A - B) \cup (A - C)$.

4. 证明 $C_S(\bigcup_{\alpha \in I} A_\alpha) = \bigcap_{\alpha \in I} C_S A_\alpha$, $C_S(\bigcap_{\alpha \in I} A_\alpha) = \bigcup_{\alpha \in I} C_S A_\alpha$.

5. 证明 $\bigcup_{\alpha \in I} A_\alpha - B = \bigcup_{\alpha \in I} (A_\alpha - B)$, $\bigcap_{\alpha \in I} A_\alpha - B = \bigcap_{\alpha \in I} (A_\alpha - B)$.

6. 设 $\{A_n\}$ 是一列集合，作 $B_1 = A_1$, $B_n = A_n - \bigcup_{i=1}^{n-1} A_i$ $(n > 1)$. 求证 B_n 互不相交，且 $\bigcup_{i=1}^{n} A_i = \bigcup_{i=1}^{n} B_i (n = 1, 2, \cdots,)$.

7. 已知 $A_{2n-1} = \left(0, \frac{1}{2n-1}\right)$, $A_{2n} = (0, 2n)$, 求 $\varlimsup_{n \to \infty} A_n$ 和 $\varliminf_{n \to \infty} A_n$.

8. 已知 $A_{2n} = [0, 2n] \times [0, 2n]$, $A_{2n-1} = \left[0, \frac{1}{2n-1}\right] \times \left[0, \frac{1}{2n-1}\right]$, 求 $\varlimsup_{n \to \infty} A_n$ 和 $\varliminf_{n \to \infty} A_n$.

9. 作 $(-1, 1)$ 和 $(-\infty, +\infty)$ 的 1-1 对应，并写出这一对应的解析表达式.

10. 证明：由直线上互不相交的开区间为元素组成之集至多可数.

11. 证明：所有有理(实)系数多项式组成一可数(c 势)集.

12. 设 A 是平面上以坐标为有理数(实数)的点为中心，有理数(实数)为半径的圆全体，证明 A 是可数(c 势)集.

13. 证明：单调函数的间断点至多可数.

14. 设 f 是 $[a, b]$ 上单调增加的实值函数，使得 $f([a, b])$ 在 $[f(a), f(b)]$ 中稠密. 证明 f 在 $[a, b]$ 上连续.

15. 作出 $(0, 1)$ 与 $[0, 1]$ 之间的 1-1 对应.

*16. 设 A 是无限集，求证必 $\exists A^* \subset A$，满足 $A^* \sim A$，且 $A - A^*$ 可数.

17. 证明：$[0, 1]$ 上的全体无理数作成的集合其势为 c，并建立 1-1 对应.

*18. 设 A 是一可数集，求证 A 的所有有限子集作成的集合也必可数.

*19. 设 $\{x_n\}$ 为一序列，其中元素彼此互异，求证它的子序列全体组成基数为 c 的集.

20. 证明：A 为无限集的充分必要条件是它可与其本身的某一真子集对等.

21. 证明：

1) $P_0 \in E' \Leftrightarrow$ 对 $\forall U(P, \delta)$，$P_0 \in U(P, \delta)$ 有 $U(p, \delta) \cap E$ 为无限集；

2) $P_0 \in E^0 \Leftrightarrow \exists U(P, \delta)$ 满足 $P_0 \in U(P, \delta)$ 且 $U(P, \delta) \subset E$.

22. 1) 设 $\mathbf{R}^n = \mathbf{R}^1$ 是全体实数，$E_1 = \{x \mid x \in [0, 1]$，且 x 为有理数$\}$，求 E_1'、E_1^0、$\overline{E}_1$、∂E_1；

2) 将 E_1 看成 $\mathbf{R}^2$ 的子集(即 $E_1 = \{(x, 0) \mid x \in [0, 1]$，且 x 为有理数$\}$)时，求 E_1'、E_1^0、$\overline{E}_1$、∂E_1；

3) 对 $E_2 = [0, 1]$ 分别视作直线 R^1 和平面 R^2 的子集，求 E_2'、E_2^0、$\overline{E}_2$、∂E_2.

23. 设 $\mathbf{R}^n = \mathbf{R}^2$ 是普通的 XOY 平面，$E_3 = \{(x, y) \mid x^2 + y^2 = 1\}$，$E_4 = \{(x, y) \mid x^2 + y^2 \leqslant 1\}$，求 E_3'、E_3^0、$\overline{E}_3$、∂E_3，E_4'、E_4^0、$\overline{E}_4$、∂E_4.

24. 设 $\mathbf{R}^n = \mathbf{R}^2$ 是普通的 XOY 平面，即

$$E_5 = \left\{(x, y) \mid y = \begin{cases} \sin\left(\dfrac{1}{x}\right) & x \neq 0 \\ 0 & x = 0 \end{cases}\right\}, \text{ 求 } E_5'、E_5^0、\overline{E}_5、\partial E_5.$$

25. 设 O 是开集，F 是闭集. 证明：1) $O - F$ 是开集；2) $F - O$ 是闭集.

26. 证明：

1) 设 G 是开集，则 f 在 G 上连续 $\Leftrightarrow$ 对 $\forall a$，$G[f > a]$，$G[f < a]$ 均为开集；

2) 设 F 是闭集，则 f 在 F 上连续 $\Leftrightarrow$ 对 $\forall a$，$F[f \geqslant a]$、$F[f \leqslant a]$ 均为闭集.

27. 证明：每个闭集可表示成可数个开集之交，每个开集可表示成可数个闭

集之并.

28. 证明：在$[0,1]$内，十进位小数不含数字 7 的数全体是一完备集，且其势为 c.

29. 若 $E \neq \mathbf{R}^n$，$E \neq \varnothing$，求证 $\partial E \neq \varnothing$.

30. E 是 $\mathbf{R}^n$ 中任一集合，求证 $E - E'$ 至多可数.

31. 设 $A \subset \mathbf{R}^n$，求证若 A' 是可数集，则 A 是可数集.

32. 证明：函数 $f(x) = d(x, A) = \inf\limits_{y \in A} d(x, y)$ 是 $\mathbf{R}^n$ 上的连续函数.

*33. 举例说明孤立点集 E 也有可能满足 $\overline{\overline{E'}} = c$.

*34. 探寻在何种条件下可数个闭集之并仍然是闭集，条件是否既充分且必要？请证明或举反例说明之.

*35. 探寻对指定正数 $0 < \alpha < 1$，在 $[0,1]$ 内作一无内点完备集 E_0 满足 $[0,1]$ 内余区间总长度为 α 的方法.

第二章 可测集与可测函数

本章先介绍集合的外测度定义与性质，然后讨论可测集及其性质，最后研究可测集的构造. 其目的在于为改造积分定义时对分割、求和所涉及的不太规则集合求相应的"长度""面积""体积".

有了集合可测概念，就可以将对 $\forall a, E[f>a]$ 均可测的特殊函数定义为可测函数，并研究其性质，然后讨论可测函数、简单函数、连续函数三者之间的相互关系，最后引入可测函数列的依测度收敛概念，并研究依测度收敛与几乎处处收敛、近一致收敛之间的相互关系.

引入可测函数概念的目的是探讨哪些函数才有可能按新思路改造积分定义，引入依测度收敛概念的目的在于为讨论在新积分号下取极限时，削弱"一致收敛"这个苛刻条件作必要的铺垫.

第一节 外测度定义及其性质

我们在 Riemann 积分中见到的函数，都是定义在区间上的，那里的积分，需涉及区间及其子区间的长度，如

$$(R)\int_a^b f(x)dx = \lim_{\lambda \to 0} \sum_{k=1}^n f(\xi_k) \Delta_k$$

其中，$\Delta_k = |x_k - x_{k-1}|$，$\lambda = \max_{1 \leqslant k \leqslant n} \Delta_k$ 涉及 $[a, b]$ 与 $[x_{k-1}, x_k]$ 的长度.

在"实变函数论"中函数往往是定义在 $\mathbf{R}^n$ 中的一般集合上，研究 f 在 E 上的积分，必然涉及 $\mathbf{R}^n$ 中一般集合 E 及其子集的"长度"或"体积". 再说，即使是定义在区间上的函数，如果分划是将函数值接近的分在一起，就必然遇到求不太规则集合的"长度"或"体积"问题. 然而，到目前为止，我们只对区间、开集规定了"长度"或"体积"概念. 因此，需要将现有的区间"长度"或"体积"概念推广到较为一般的集合上去，这就产生了 Lebesgue 测度理论.

定义 2.1.1 对任意集合 E，称 $m^*E = \inf\{|G| \mid G \text{ 开}, \text{且 } G \supseteq E\}$ 为 E 的 Lebesgue 外测度.

此定义的基本思想是：对较为规则的集合如开区间、开集就规定其"体积"为外测度，对于不规则的集合 E，试图用盖住 E 的开集 G 的"体积"取而代之. 然而盖住 E 的开集 G 多种多样，其体积也大小不一，但都不比 E 的"体积"小.

取哪一个最好呢？当然是最小者更合理．由于对无限个数而言，可能只有更小没有最小，于是取下确界便是最合理的选择．

也可以叙述为 $m^*E = \inf\{\sum_{i=1}^{\infty}|I_i|：其中 I_i 为开区间，且 \bigcup_{i=1}^{\infty} I_i \supset E\}$，二者的等价性留给读者自己证明．

定理 2.1.1　任意集合的外测度均满足：

1) **非负性**　$m^*E \geqslant 0$；
2) **单调性**　若 $A \supset B$，则 $m^*A \geqslant m^*B$；
3) **次可加性**　$m^* \bigcup_{i=1}^{\infty} E_i \leqslant \sum_{i=1}^{\infty} m^*E_i$；
4) 若 $d(A, B) > 0$，则 $m^*(A \bigcup B) = m^*A + m^*B$；
5) 区间 I 的外测度满足 $m^*I = |I|$．

证明　1) 非负性、2) 单调性显然．

3) 证次可加性．对 $\forall \varepsilon > 0$ 及 i，$\exists$ 开集

$$G_i \supset E_i，|G_i| \leqslant m^*E_i + \frac{\varepsilon}{2^i}$$

显然 $\bigcup_{i=1}^{\infty} G_i \supset \bigcup_{i=1}^{\infty} E_i$，所以

$$m^* \bigcup_{i=1}^{\infty} E_i \leqslant \sum_{i=1}^{\infty} |G_i| \leqslant \sum_{i=1}^{\infty} m^*E_i + \varepsilon$$

由 ε 的任意性知结论成立．

4) 只需证当 $d(A, B) > 0$ 时，$m^*A + m^*B \leqslant m^*(A \bigcup B)$．事实上，$\exists$ 开集 $G \supset (A \bigcup B)$ 满足 $|G| \leqslant m^*(A \bigcup B) + \varepsilon$．由推论 1.6.4 知：$\exists$ 开集 U_1, U_2 满足 $U_1 \bigcap U_2 = \varnothing$，且 $A \subset U_1, B \subset U_2$．令 $G_1 = G \bigcap U_1, G_2 = G \bigcap U_2$，则 $G_1 \bigcap G_2 = \varnothing$．

又因为 $m^*A + m^*B \leqslant |G_1| + |G_2| \leqslant |G| \leqslant m^*(A \bigcup B) + \varepsilon$，由 ε 的任意性知：$m^*A + m^*B \leqslant m^*(A \bigcup B)$．

5) 证 $m^*I = |I|$．一方面，无论 I 是开区间或闭区间，$\forall$ 开集 $G \supset I$，定有 $|I| \leqslant G$，即 $|I| \leqslant m^*I$．另一方面，对 $\forall \varepsilon > 0$，$\exists$ 开区间 $G = I_\varepsilon \supset I$，满足 $|I_\varepsilon| \leqslant |I| + \varepsilon$，即 $m^*I \leqslant |I|$，故 $m^*I = |I|$．

证毕．

第二节　可测集定义及其性质

由定理 2.1.1 之 5) 可知，外测度确为"体积"概念的推广．非常令人遗憾的

是，对一些集合而言外测度无法满足可加性，即人们可构造这样一簇互不相交的集合 $S_i(i=1, 2, \cdots, N)$ 满足

$$m^*[\bigcup_{i=1}^N S_i] < \sum_{i=1}^N m^*S_i$$

于是我们只有退而求其次，探索外测度限制在什么范围内满足可加性.

定义 2.2.1 若对 $\forall T$ 有 $m^*T = m^*(T \cap E) + m^*(T \cap CE)$，则称 E 为 Lebesgue 可测集，简称 E 可测. 并称 m^*E 为 E 的测度，简记为 mE.

直观地讲，如图 2.1 所示，可测集 E 是具有良好分割性能的集合，它将任意一个集合 T 分成两部分，一部分在 E 内即 $T \cap E$，另一部分在 E 外即 $T \cap E^c$，两部分外测度之和恒等于总体 T 的外测度. 显然，这是为了满足测度可加性而作出的重要限制.

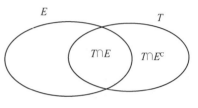

图 2.1

定理 2.2.1 E 可测 $\Leftrightarrow$ 对 $\forall A \subset E, B \subset E^c$ 有 $m^*(A \bigcup B) = m^*A + m^*B$.

证明 "$\Rightarrow$" 因为 E 可测，所以对 $\forall A \subset E, B \subset E^c$，令 $T = A \bigcup B$，则 $T \cap E = A, T \cap CE = B$，故 $m^*T = m^*(T \cap E) + m^*(T \cap CE)$，即

$$m^*(A \bigcup B) = m^*A + m^*B$$

"$\Leftarrow$" 因为对 $\forall A \subset E, B \subset E^c$ 有 $m^*(A \bigcup B) = m^*A + m^*B$，所以对 $\forall T$，令 $A = T \cap E \subset E, B = T \cap CE \subset E^c$，则由已知得

$$m^*(A \bigcup B) = m^*A + m^*B$$

即 $m^*T = m^*(T \cap E) + m^*(T \cap CE)$，故 E 可测.

证毕.

定理 2.2.2 E 可测 $\Leftrightarrow CE$ 可测.

证明 因为 $C(CE) = E$，于是

E 可测 $\Leftrightarrow m^*T = m^*[T \cap E] + m^*[T \cap (CE)]$

$\Leftrightarrow m^*T = m^*[T \cap C(CE)] + m^*[T \cap (CE)]$

$\Leftrightarrow m^*T = m^*[T \cap (CE)] + m^*[T \cap C(CE)]$

$\Leftrightarrow CE$ 可测.

证毕.

定理 2.2.3 设 S_1、S_2 均可测，则 $S_1 \bigcup S_2$ 也可测. 如果 $S_1 \cap S_2 = \varnothing$，则

$$m^*[T \cap (S_1 \bigcup S_2)] = m^*(T \cap S_1) + m^*(T \cap S_2)$$

特别地

$$m(S_1 \bigcup S_2) = mS_1 + mS_2$$

证明 如图 2.2 所示，对任意的集合 T，令 $A = T \cap [S_1 - S_2]$，$B = T \cap [S_2 \cap S_1]$，$C = T \cap [S_2 - S_1]$，$D = T - S_1 - S_2$，则 $T = A \cup B \cup C \cup D$，且

$$m^*T = m^*[A \cup B \cup C \cup D]$$
$$= m^*[A \cup B] + m^*[C \cup D] \quad (\text{因为 } S_1 \text{ 可测})$$
$$= m^*[A \cup B] + m^*C + m^*D \quad (\text{因为 } S_2 \text{ 可测})$$
$$= m^*[A \cup B \cup C] + m^*D \quad (\text{因为 } S_1 \text{ 可测})$$
$$= m^*\{T \cap [S_1 \cup S_2]\} + m^*\{T \cap C[S_1 \cup S_2]\}$$

故 $S_1 \cup S_2$ 可测.

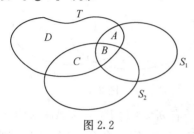

图 2.2

如果 $S_1 \cap S_2 = \varnothing$，则 $T \cap S_1 \subseteq S_1$，$T \cap S_2 \subseteq CS_1$. 由 S_1 可测知：$m^*[T \cap (S_1 \cup S_2)] = m^*(T \cap S_1) + m^*(T \cap S_2)$. 令 $T = \mathbf{R}^n$，则 $m(S_1 \cup S_2) = mS_1 + mS_2$.

证毕.

推论 2.2.1 设 $S_i (i = 1, 2, \cdots, n)$ 均可测，则 $\bigcup_{i=1}^{n} S_i$ 也可测. 如果 $S_i \cap S_j = \varnothing (i, j = 1, 2, \cdots, n; i \neq j)$，则

$$m^*[T \cap (\bigcup_{i=1}^{n} S_i)] = \sum_{i=1}^{n} m^*(T \cap S_i)$$

此定理及其推论说明了：可测集的测度是真正"体积"概念的推广.

定理 2.2.4 若 S_1、S_2 均为可测集，则交集 $S_1 \cap S_2$ 也是可测集.

证明 只需证 $[S_1 \cap S_2]^C$ 是可测集，而 $[S_1 \cap S_2]^C = S_1^C \cup S_2^C$. 由定理 2.2.2 知：$S_1^C$ 和 S_2^C 均为可测集；由定理 2.2.3 知：$S_1^C \cup S_2^C$ 可测.

证毕.

推论 2.2.2 若 $S_i (i = 1, 2, \cdots, n)$ 均为可测集，则交集 $\bigcap_{j=1}^{n} S_i$ 也是可测集.

推论 2.2.3 若 S_1、S_2 均为可测集，则差集 $S_1 - S_2$ 也是可测集；如果 $S_1 \supseteq S_2$，且 $mS_2 < +\infty$，则 $m^*[T \cap (S_1 - S_2)] = m^*(T \cap S_1) - m^*(T \cap S_2)$. 特别地，取 $T = R^n$ 时，有 $m(S_1 - S_2) = mS_1 - mS_2$.

证明 因为 $S_1 - S_2 = S_1 \cap CS_2$，由定理 2.2.2 和定理 2.2.4 得 $S_1 - S_2$ 可测. 如果 $S_1 \supseteq S_2$，则 $S_1 = (S_1 - S_2) \cup S_2$，由定理 2.2.3 知

$$m^*[T \cap S_1] = m^*[T \cap (S_1 - S_2)] + m^*[T \cap S_2]$$

移项即得 $m^*[T \cap (S_1 - S_2)] = m^*(T \cap S_1) - m^*(T \cap S_2)$.

证毕.

注 2.2.1 其条件 $mS_2 < +\infty$ 在于保证 $m^*[T \cap S_2] < +\infty$, 从而确保移项可实施. 有的教材虽然没有 $mS_2 < +\infty$ 这个条件, 但作出了 $mS_1 < +\infty$ 或 $m^*T < +\infty$ 的限制, 其实质是相同的.

定理 2.2.5(可列可加性) 若 $S_1, S_2, \cdots, S_i, \cdots$ 是一列可测集, 则 $S = \bigcup\limits_{i=1}^{\infty} S_i$ 也是可测集; 若 $S_1, S_2, \cdots, S_i, \cdots$ 是一列互不相交的可测集, 则对 $\forall T$ 有

$$m^*[T \cap \bigcup_{i=1}^{\infty} S_i] = \sum_{i=1}^{\infty} m^*(T \cap S_i)$$

特别地, $m[\bigcup\limits_{i=1}^{\infty} S_i] = \sum\limits_{i=1}^{\infty} mS_i$.

证明 1) 假定 $S_1, S_2, \cdots, S_i, \cdots$ 互不相交, 要证 S 可测, 只需证对 $\forall T$ 有

$$m^*T \geqslant m^*[T \cap \bigcup_{i=1}^{\infty} S_i] + m^*\{T \cap [\bigcup_{i=1}^{\infty} S_i]^c\}$$

因为对 $\forall$ 有限数 n 有

$$m^*T = m^*[T \cap \bigcup_{i=1}^{n} S_i] + m^*\{T \cap [\bigcup_{i=1}^{n} S_i]^c\}$$

$$\geqslant \sum_{i=1}^{n} m^*[T \cap S_i] + m^*\{T \cap [\bigcup_{i=1}^{\infty} S_i]^c\}$$

令 $n \to \infty$ 得

$$m^*T \geqslant \sum_{i=1}^{\infty} m^*[T \cap S_i] + m^*\{T \cap [\bigcup_{i=1}^{\infty} S_i]^c\} \quad (*)$$

由次可加性知 $\sum\limits_{i=1}^{\infty} m^*[T \cap S_i] \geqslant m^*[T \cap \bigcup\limits_{i=1}^{\infty} S_i]$, 代入式 $(*)$ 即得

$$m^*T \geqslant m^*[T \cap \bigcup_{i=1}^{\infty} S_i] + m^*\{T \cap [\bigcup_{i=1}^{\infty} S_i]^c\}$$

所以 $s = \bigcup\limits_{i=1}^{\infty} S_i$ 可测

$$m^*[T \cap \bigcup_{n=1}^{\infty} S_i] \geqslant m^*[T \cap \bigcup_{i=1}^{m} S_i] = \sum_{i=1}^{m} m^*(T \cap S_i)$$

令 $m \to \infty$, 得

$$m^*[T \cap \bigcup_{i=1}^{\infty} S_i] \geqslant \sum_{i=1}^{\infty} m^*(T \cap S_i)$$

再结合次可加性得 $m^*[T \cap \bigcup\limits_{i=1}^{\infty} S_i] = \sum\limits_{i=1}^{\infty} m^*(T \cap S_i)$, 特别地, 当 $T = S$ 时, 有

$$m\left[\bigcup_{i=1}^{\infty} S_i\right] = \sum_{i=1}^{\infty} mS_i$$

2) 若 $S_1, S_2, \cdots, S_i, \cdots$ 可能相交时，考虑

$$S = \bigcup_{i=1}^{\infty} S_i = \bigcup_{i=2}^{\infty} [S_i - S_{i-1} - \cdots - S_1] \cup S_1$$

而 $\{[S_i - S_{i-1} - \cdots - S_1] \mid i = 1, 2, \cdots, n, \cdots\}$ 和 S_1 互不相交，由 1) 知 S 可测.

证毕.

注2.2.2 由上述定理可以看出，区别可数无限与不可数无限是一件相当重要的事情. 测度的可加性只对至多可数个集合而言成立，否则会导致"任意集合皆可测且测度均为 0"的荒谬结果.

事实上，如果对任意多个集合而言都具有可加性，则对任意集合 E，有 $E = \bigcup_{x \in E} \{x\}$ 可测，且 $mE = \sum_{x \in E} m\{x\} = 0$.

定理 2.2.6 若 $E_1, E_2, \cdots, E_n, \cdots$ 是一列可测集，则交集 $E = \bigcap_{n=1}^{\infty} E_n$ 是可测集.

证明 与定理 2.2.4 证明类似.

定理2.2.7(外极限定理) 设 $\{E_n\}$ 是一列可测集，且 $E_1 \subseteq E_2 \subseteq \cdots \subseteq E_n \subseteq \cdots$，令 $E = \bigcup_{n=1}^{\infty} E_n = \lim_{n \to \infty} E_n$，则对 $\forall T$ 有

$$m^*(T \cap E) = \lim m^*(T \cap E_n)$$

证明 令 $S_n = E_n - E_{n-1}(n > 1)$ 且 $S_1 = E_1$，则 S_n 可测且互不相交. 由定理 2.2.5 得

$$m^*[T \cap E] = m^*\left[T \cap \bigcup_{n=1}^{\infty} S_n\right] = \sum_{n=1}^{\infty} m^*(T \cap S_n)$$

$$= \lim_{n \to \infty} \sum_{i=1}^{n} m^*[T \cap (E_i - E_{i-1})]$$

$$= \lim_{n \to \infty} m^* \bigcup_{i=1}^{n} [T \cap (E_i - E_{i-1})]$$

$$= \lim_{n \to \infty} m^*(T \cap E_n)$$

证毕.

思考： 有人在最后三步利用下述等式证明，似有殊途同归之感，请判断正确与否，并叙述理由.

$$\sum_{i=1}^{n} m^*[T \cap (E_i - E_{i-1})] = \sum_{i=1}^{n} \{m^*[T \cap E_i] - m^*[T \cap E_{i-1}]\}$$

$$= m^*(T \cap E_n)$$

其中，$E_0 = \varnothing$，即 $m^*(T \cap E_0) = 0$.

定理 2.2.8(内极限定理)　设 $\{E_n\}$ 是一列可测集，且 $E_1 \supseteq E_2 \supseteq \cdots \supseteq E_n \supseteq \cdots$，令 $E = \bigcap\limits_{n=1}^{\infty} E_n = \lim\limits_{n\to\infty} E_n$，则对 $\forall m^*T < +\infty$ 有

$$m^*(T \cap E) = \lim\limits_{n\to\infty} m^*(T \cap E_n)$$

证明　因 $E_1 \supseteq E_2 \supseteq \cdots \supseteq E_n \supseteq \cdots$，所以 $E_1 - E_1 \subseteq E_1 - E_2 \subseteq \cdots \subseteq E_1 - E_n \subseteq \cdots$，则由外极限定理 2.2.7 得

$$m^*[T \cap (E_1 - E)] = \lim\limits_{n\to\infty} m^*[T \cap (E_1 - E_n)]$$

即

$$m^*(T \cap E_1) - m^*(T \cap E) = m^*(T \cap E_1) - \lim\limits_{n\to\infty} m^*(T \cap E_n)$$

故 $m^*(T \cap E) = \lim\limits_{n\to\infty} m^*(T \cap E_n)$.

证毕.

注 2.2.3　条件 $m^*T < +\infty$ 在于保证 $m^*(T \cap E_n) < +\infty$（其实将条件削弱为 $\exists n_0$ 满足 $m^*(T \cap E_{n_0}) < +\infty$ 就足以保证结论成立），从而可用推论 2.2.3. 但此条件不能随意去掉，见如下反例.

例 2.2.1　$E_n = [n, +\infty)$，$T = (-\infty, +\infty)$，$m^*(T \cap E_n) = +\infty$，但 $E = \varnothing$，故 $m^*(T \cap E) = 0 \neq \lim\limits_{n\to\infty} m^*(T \cap E_n) = +\infty$.

第三节　可测集的结构

到目前为止，我们对可测集的研究还仅局限在建立空中楼阁，"如果有"可测集，那么这些可测集经至多可数次交、并、余、差运算结果仍然可测，那么是否真有可测集存在呢？如果根本没有或除 $\varnothing$ 以外就没有其他可测集，那么上一节的讨论就没有意义了. 下面先举两类可测集的实例.

定理 2.3.1　若 $m^*E = 0$，则 E 可测.

证明　对 $\forall T$，$m^*T \leqslant m^*(T \cap E) + m^*(T \cap CE)$

$$= 0 + m^*(T \cap CE) \leqslant m^*T$$

故 $m^*T = m^*(T \cap E) + m^*(T \cap CE)$，即 E 可测.

证毕.

推论 2.3.1　一切可数集皆可测，且测度为 0.

证明　$E = \{x_1, x_2, \cdots, x_n, \cdots\}$，由外测度定义知：对 $\forall n$，$\exists I_\epsilon \supseteq \{x_n\}$，

$|I_\varepsilon| < \varepsilon$,故 $m^*\{x_n\} = 0$,所以单元素集$\{x_n\}$可测. 由可列可加性知:E可测,且测度为0.

证毕.

定理2.3.2 区间 I 为可测集,且 $mI = |I|$.

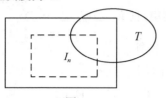

图 2.3

证明 1) 当区间 I 有界时(如图 2.3 所示),对 $\forall \varepsilon = \frac{1}{n} > 0$,$\exists I_n \subset I$,满足 $|I_n| > |I| - \frac{1}{n}$,且 $I_1 \subseteq I_2 \subseteq \cdots \subseteq I_n \subseteq \cdots$,$d(I_n, CI) > 0$,$\forall T$,有

$$m^*T \geqslant m^*[(T \cap I_n) \cup (T \cap CI)] = m^*(T \cap I_n) + m^*(T \cap CI)$$

又因为 $m^*(T \cap I) \leqslant m^*(T \cap I_n) + m^*[T \cap (I - I_n)]$,且 $m^*(T \cap I_n) < +\infty$,所以 $0 \leqslant m^*(T \cap I) - m^*(T \cap I_n) \leqslant m^*[T \cap (I - I_n)] \leqslant |(I - I_n)| \to 0$,即

$$m^*(T \cap I_n) \to m^*(T \cap I)(n \to +\infty)$$

故

$$m^*T \geqslant m^*(T \cap I) + m^*(T \cap CI)$$

即 I 为可测集,由定理 2.1.1 之 5)知 $mI = m^*I = |I|$.

2) 当区间 I 无界时,将 I 分解成可数个有界区间之并,由1)知每个有界区间可测,再结合定理2.2.5知此无界区间 I 也可测.

证毕.

推论2.3.2 一切开集、闭集均为可测集;且当 G 为开集时,$mG = |G|$.

例2.3.1 求 Cantor G_0,P_0 集的测度.

解 $mG_0 = |G_0| = 1$,

$mP_0 = m[0, 1] - mG_0 = 1 - 1 = 0$.

此例说明:除了可数集一定测度为 0 以外,c 势集也有可能测度为 0.

可测集的范围相当广,远远不止是外测度为 0 和区间这两类特殊集合,但所有可测集都可以通过这两类集合取至多可数次交、并、余、差运算结果表示出来.

定义2.3.1 若 E 可以表示成至多可列个闭集之并,则称 E 为 F_σ 型集;

若 E 可以表示成至多可列个开集之交,则称 E 为 G_δ 型集;

若 E 可以看成由区间出发经至多可列次交、并、余、差运算的结果,则称 E 为 Borel 集.

由开集与闭集的对偶性可直接得到 F_σ 型集与 G_δ 型集的对偶性:

1) F 为 F_σ 型集 $\Leftrightarrow CF$ 是 G_δ 型集;

2) G 为 G_δ 型集 $\Leftrightarrow CG$ 是 F_σ 型集.

此性质的证明留作习题.

推论 2.3.3 一切 F_σ 型集、G_δ 型集、Borel 集均为可测集.

反之, 可测集不一定是 F_σ 型集、G_δ 型集、Borel 集, 但可以由这些特殊集合来逼近, 下述三个定理将给出具体描述.

定理 2.3.3 以下三命题是等价的：

1) E 可测；

2) 对 $\forall \varepsilon > 0$, $\exists$ 开集 G 满足 $G \supset E$, 且 $m^*(G-E) < \varepsilon$；

3) $\exists G_\delta$ 集 G_0 满足 $G_0 \supset E$, 且 $m^*(G_0-E) = 0$.

证明 1) $\Rightarrow$ 2) 因为 E 可测, 若 $mE < +\infty$, 对由外测度定义知, 对 $\forall \varepsilon > 0$ $\exists$ 开集 $G \supset E$ 满足 $mG < mE + \varepsilon$, 即 $m(G-E) < \varepsilon$; 若 $mE = +\infty$, 则 $\exists E_n$ 满足 $m^*E_n < +\infty$, 且 $E = \bigcup_{n=1}^{\infty} E_n$. 对 $\forall \varepsilon > 0$ $\exists$ 开集 O_n, $O_n \supset E_n$ 满足 $mO_n < mE_n + \dfrac{\varepsilon}{2^n}$, 令 $G = \bigcup_{n=1}^{\infty} O_n$, 则开集 $G \supset E$, 从而

$$m^*(G-E) \leqslant \sum_{n=1}^{\infty} m^*(O_n - E_n) < \sum_{n=1}^{\infty} \frac{\varepsilon}{2^n} = \varepsilon$$

2) $\Rightarrow$ 3) 对 $\forall \varepsilon = \dfrac{1}{n}$, $\exists$ 开集 $G_n \supset E$, 且 $m^*(G_n - E) < \dfrac{1}{n}$, 令 $G_0 = \bigcap_{n=1}^{\infty} G_n$, 则 G_0 为 G_δ 型集, 且 $G_0 \supset E$, $m^*(G_0 - E) < m^*(G_n - E) < \dfrac{1}{n} \to 0$, 故 $m^*(G_0 - E) = 0$.

3) $\Rightarrow$ 1) 因为 $\exists G_\delta$ 型集 $G_0 \supset E$, 且 $m^*(G_0 - E) = 0$, 所以 $G_0 - E$ 可测, 从而 $E = G_0 - (G_0 - E)$ 可测.

证毕.

利用 E 与 E^c 可测的等价性, 开集与闭集、G_δ 集与 F_σ 的对偶性不难得到下述定理.

定理 2.3.4 以下三命题是等价的：

1) E 可测；

2) 对 $\forall \varepsilon > 0$, $\exists$ 闭集 F 满足 $E \supset F$, 且 $m^*(E-F) < \varepsilon$；

3) $\exists F_\sigma$ 集 F_0 满足 $E \supset F_0$, 且 $m^*(E-F_0) = 0$.

证明 1) $\Rightarrow$ 2) 因为 E 可测, 所以 CE 可测. 由定理 2.3.3 的 2) 知：对 $\forall \varepsilon > 0$, $\exists$ 开集 G 满足 $G \supset CE$, 且 $m^*(G - CE) < \varepsilon$, 令 $F = CG$ 闭, 则

$$E \supset CG \text{ 且 } m^*(G - CE) = m^*(G \cap E) = m^*(E - CG) < \varepsilon$$

其余命题证明留给读者完成.

定理 2.3.3 与定理 2.3.4 说明：尽管可测集不一定是开集、闭集那么特殊, 但可以通过开集从外部、闭集从内部接近到相差测度"任意小"的程度, 可测集

也不一定是 G_δ 型集、F_σ 型集那么特殊,但可以通过 G_δ 型集从外部、F_σ 型集从内部接近到相差测度为 0 的程度. 这是数学中用简单把握复杂,用直观把握抽象的常见转换方法.

将定理 2.3.3 与定理 2.3.4 相结合即得下述定理.

定理 2.3.5 以下三命题是等价的:

1) E 可测;

2) 对 $\forall \varepsilon > 0$,$\exists$ 开集 G、闭集 F 满足 $F \subset E \subset G$,且 $m(G - F) < \varepsilon$;

3) $\exists\, G_\delta$ 集 G_0、F_σ 集 F_0 满足 $F_0 \subset E \subset G_0$,且 $m(G_0 - F_0) = 0$.

现根据可测集的结构定理证明可测集的笛卡儿积仍然是可测集.

定理 2.3.6 若 $A \subset \mathbf{R}^p$,$B \subset \mathbf{R}^q$,且均可测,则 $A \times B = \{(a, b) \mid a \in A, b \in B\} \subset \mathbf{R}^p \times \mathbf{R}^q$ 为可测集,且 $m(A \times B) = mA \times mB$.

证明 1) 若区间 $I_1 \subset \mathbf{R}^p$,$I_2 \subset \mathbf{R}^q$,则显然 $I_1 \times I_2$ 为 $\mathbf{R}^p \times \mathbf{R}^q$ 中的区间,从而可测,且 $\mid I_1 \times I_2 \mid = \mid I_1 \mid \times \mid I_2 \mid$.

2) 若开集 $G \subset \mathbf{R}^p$,$O \subset \mathbf{R}^q$,则显然 $G \times O$ 为 $\mathbf{R}^p \times \mathbf{R}^q$ 中的开集,从而可测. 因 $G = \bigcup\limits_{n=1}^{\infty} G_n$,$O = \bigcup\limits_{n=1}^{\infty} O_n$,其中 G_n,O_n 分别为 $\mathbf{R}^p$、$\mathbf{R}^q$ 中的左开右闭的互不相交的区间,则 $G_n \times O_m$ 为 $\mathbf{R}^p \times \mathbf{R}^q$ 中的左开右闭的互不相交的区间,且

$$G \times O = \bigcup_{n=1}^{\infty} G_n \times \bigcup_{m=1}^{\infty} O_n = \bigcup_{n=1}^{\infty} \bigcup_{m=1}^{\infty} (G_n \times O_m)$$

可测,于是

$$m(G \times O) = \sum_{n=1}^{\infty} \sum_{m=1}^{\infty} (mG_n \times mO_m)$$

$$= \left(\sum_{n=1}^{\infty} mG_n\right) \times \left(\sum_{m=1}^{\infty} mO_m\right) = mG \times mO$$

3) 对一般可测集,$A \subset \mathbf{R}^p$,$B \subset \mathbf{R}^q$,且 $mA < +\infty$,$mB < +\infty$,则对 $\forall \varepsilon > 0$,$\exists$ 开集 G_A、G_B,闭集 F_A、F_A 满足 $F_A \subset A \subset G_A$,且 $m(G_A - F_A) < \varepsilon$,$F_B \subset B \subset G_B$,且 $m(G_B - F_B) < \varepsilon$,即 $\exists$ 开集 $G_A \times G_B$,闭集 $F_A \times F_B$ 满足 $F_A \times F_B \subset A \times B \subset G_A \times G_B$,且

$$[(G_A \times G_B) - (F_A \times F_B)]$$
$$\subset [(G_A - F_A) \times G_B] \bigcup [F_A \times (G_B - F_B)]$$
$$\subset [(G_A - F_A) \times G_B] \bigcup [G_A \times (G_B - F_B)]$$

这里 $[(G_A \times G_B) - (F_A \times F_B)]$,$[(G_A - F_A) \times G_B] \bigcup [G_A \times (G_B - F_B)]$,$(G_A - F_A)$,$(G_B - F_B)$ 均为开集.

$$m[(G_A \times G_B) - (F_A \times F_B)]$$

$$\leqslant m[(G_A - F_A) \times G_B] + m[G_A \times (G_B - F_B)]$$
$$< \varepsilon \times (mB + \varepsilon) + (mA + \varepsilon) \times \varepsilon$$
$$= \alpha(\varepsilon) \xrightarrow{\varepsilon \to 0} 0$$

由 ε 的任意性和定理 2.3.5 的 2) 知：$A \times B$ 可测，而
$$m(A \times B) \leqslant m(G_A \times G_B) = mG_A \times mG_B \leqslant (mA + \varepsilon)(mB + \varepsilon),$$
由 ε 的任意性知 $m(A \times B) \leqslant mA \times mB$. 同理，因为 $A \times B \supseteq F_A \times F_B$，所以
$$m(A \times B) \geqslant m(F_A \times F_B) \geqslant m[(G_A \times G_B)] - \alpha(\varepsilon)$$
$$= mG_A \times mG_B - \alpha(\varepsilon) \geqslant mA \times mB - \alpha(\varepsilon)$$
由 ε 的任意性知 $m(A \times B) \geqslant mA \times mB$，故 $m(A \times B) = mA \times mB$.

4) 当 mA、mB 至少有一个无限时，将 A、B 分解成可数个互不相交的测度有限集合之并，即 $A = \bigcup\limits_{n=1}^{\infty} A_n$, $B = \bigcup\limits_{m=1}^{\infty} B_m$，其中 $mA_n < +\infty$, $mB_m < +\infty$. 由 3) 知 $A \times B = \bigcup\limits_{n=1}^{\infty} A_n \times \bigcup\limits_{m=1}^{\infty} B_m = \bigcup\limits_{n=1}^{\infty} \bigcup\limits_{m=1}^{\infty} (A_n \times B_m)$ 可测，且
$$m(A \times B) = \sum_{n=1}^{\infty} \sum_{m=1}^{\infty} (mA_n \times mB_m) = \left[\sum_{n=1}^{\infty} mA_n\right] \times \left[\sum_{m=1}^{\infty} mB_m\right] = mA \times mB$$

证毕.

请注意体会这种由简单到复杂、由特殊到一般、由具体到抽象、由有限到无限的解决问题之思维方法，这也是我们乐于研究各种结构（如开集、闭集、完备集结构、可测集结构、可测函数结构以及第三章的有界变差函数的结构等）的原因.

第四节 可测函数定义及其性质

先做一下特别声明，今后凡提到的函数都是允许函数值取 $+\infty$，$-\infty$ 的实函数；$\pm\infty$ 也称为广义实数，通常的实数称为有限实数.

函数值都是有限实数的函数称为有限函数；若 $\exists M > 0$，对 $\forall x \in E$，有 $|f(x)| \leqslant M$，则称 f 为 E 上的有界函数. 显然有界函数一定是有限函数，反之则不然. 如 $f(x) = x, x \in \mathbf{R}$；$f(x) = \dfrac{1}{\sqrt[3]{x}}, x \in (0, 1]$ 是有限函数，但不是有界函数.

对包括 $\pm\infty$ 在内的实数运算作如下规定：
$$+\infty = \sup_{x \in \mathbf{R}^1}\{x\}, \quad -\infty = \inf_{x \in \mathbf{R}^1}\{x\}, \quad -\infty < a < +\infty,$$ 其中 a 为有限实数，从而对于上(下)方无界的单调增(减)数列 $\{a_n\}$ 也存在极限，且 $\lim\limits_{n \to \infty} a_n = +\infty(-\infty)$.

对于任何有限实数 a，有

$$a + (\pm\infty) = (\pm\infty) + a = (\pm\infty) - a = a - (\mp\infty) = \pm\infty$$
$$(\pm\infty) + (\pm\infty) = \pm\infty, \quad a/(\pm\infty) = 0, \quad 0 \times (\pm\infty) = (\pm\infty) \times 0 = 0$$

对任何有限实数 $a > 0$，有

$$a \times (\pm\infty) = (\pm\infty) \times a = (\pm\infty)/a = (\pm\infty) \quad (\text{当 } a < 0 \text{ 时，此结果为} \mp\infty)$$
$$(\pm\infty) \times (\pm\infty) = +\infty, \quad (\pm\infty) \times (\mp\infty) = -\infty$$

反之 $(\pm\infty) - (\pm\infty)$，$(\pm\infty) + (\mp\infty)$，$(\pm\infty)/(\mp\infty)$，$(\pm\infty)/(\pm\infty)$，$(\pm\infty)/0$，$a/0$，都认为无意义．

以上规定除了 $0 \times (\pm\infty) = (\pm\infty) \times 0 = 0$ 与数学分析中 0、∞ 作为变化趋势无穷小、无穷大时，$0 \times (\pm\infty)$、$(\pm\infty) \times 0$ 为不定型的规定不一致以外，其余均与数学分析中的相应结果完全统一．那么这不一致的地方是否有欠妥之处呢？其实没有，因为这里的 0 是数，而不仅仅是一个变化趋势为 0 的无穷小量，如果要将此常值 0 看成特殊无穷小量，那么只有认为对 $\forall n$，$\alpha_n \equiv 0$，当 $\beta_n \xrightarrow{n \to +\infty} +\infty$，则 $\alpha_n \beta_n \equiv 0 \xrightarrow{n \to +\infty} 0$．

由于建立 Lebesgue 积分的思路是：作分划时将函数值接近的分在一起，这就涉及求形如 $E[a \leqslant f < b]$ 的测度问题．然而，令人遗憾的是本章第三节的研究使我们意识到：并非所有的集合都可测，那么在实施通过对值域分划反过来分割定义域时，有可能出现 $E[a \leqslant f < b]$ 不可测，因此有必要专门研究哪些函数一定能保证形如 $E[a \leqslant f < b]$ 的集合都可测．由于

$$E[a \leqslant f < b] = E[f \geqslant a] - E[f \geqslant b]$$

使问题得到简化，只需研究哪些函数能保证形如 $E[f \geqslant a]$ 的集合可测即可．于是产生了下述定义．

定义 2.4.1 设 f 为定义在可测集 E 上的实函数，若对 $\forall a \in \mathbf{R}$，$E[f \geqslant a]$ 可测，则称 f 在 E 上 Lebesgue 可测，简称 f 在 E 上可测.

不等号"开口"是向右还是向左，是否带有等号似乎有需要死记硬背之感，下述定理告诉我们不必操心此事，因为几种情况是完全等价的．

定理 2.4.1 设 f 为定义在可测集 E 上的函数，则以下四个命题等价：

1) f 在 E 上可测（对 $\forall a$，$E[f \geqslant a]$ 可测）；
2) 对 $\forall a$，$E[f > a]$ 可测；
3) 对 $\forall a$，$E[f \leqslant a]$ 可测；
4) 对 $\forall a$，$E[f < a]$ 可测.

证明 1) $\Rightarrow$ 2) 因为 $E[f > a] = \bigcup\limits_{n=1}^{\infty} E\left[f \geqslant a + \dfrac{1}{n}\right]$，由于 f 在 E 上可测，所

以对 $\forall n$, $E\left[f \geqslant a+\dfrac{1}{n}\right]$ 为可测集, 故 $E[f>a]$ 可测.

2)⇒3) 因为对 $\forall a \in \mathbf{R}$, $E[f \leqslant a] = E - E[f>a]$, 而已知 $E[f>a]$ 可测, 所以 $E[f \leqslant a] = E - E[f>a]$ 可测.

3)⇒4) 与 1)⇒2) 同理, 4)⇒1) 与 2)⇒3) 同理.

证毕.

推论 2.4.1 f 在 E 上可测 ⇔ 对 $\forall a, b$, $E[a \leqslant f < b]$, $E[f = +\infty]$ 可测.

证明 "⇐" 因为对 $\forall a, n$, $E[a \leqslant f < a+n]$ 可测, 且 $E[f = +\infty]$ 可测, 则对 $\forall a$, $E[f \geqslant a] = \bigcup\limits_{n=1}^{\infty} E[a \leqslant f < a+n] \cup E[f = +\infty]$ 可测, 故 f 在 E 上可测.

"⇒" 因为 f 在 E 上可测, 则对 $\forall a, b$, $E[f \geqslant a]$, $E[f \geqslant b]$ 均可测, 即 $E[a \leqslant f < b] = E[f \geqslant a] - E[f \geqslant b]$ 可测, $E[f = +\infty] = \bigcap\limits_{n=1}^{\infty} E[f \geqslant n]$ 可测.

证毕.

此推论是 Lebesgue 改造积分定义的思路能够实施的保证.

推论 2.4.2 定义在零测度集上的任何函数 f 均在 E 上可测.

事实上, 对 $\forall a$, $0 \leqslant m^* E[f>a] \leqslant m^* E = 0$, 故 $E[f>a]$ 可测, 即 f 在 E 上可测.

利用 $E_0[f>a] = E[f>a] \cap E_0$ 即得.

推论 2.4.3 若 f 在 E 上可测, 则 f 在 E 的任一可测子集 E_0 上可测.

定理 2.4.2 设 $E = \bigcup\limits_{n=1}^{\infty} E_n$, 且 E_n 可测, 则 f 在 E 上可测 ⇔ 对 $\forall n$, f 在 E_n 上可测.

证明 "⇐" 对 $\forall a$, $E[f>a] = \bigcup\limits_{n=1}^{\infty} E_n[f>a]$. 因为 f 在 E_n 上可测, 所以 $E_n[f>a]$ 可测, 从而 $E[f>a]$ 可测, 即 f 在 E 上可测.

"⇒" 因为 f 在 E 上可测, 由推论 2.4.3 知: f 在 E 的可测子集 E_n 上可测.

证毕.

定义 2.4.2 设 Π 是一个与集合 E 的点有关的命题. 如果 $\exists E$ 的子集 N 满足 $mN = 0$, 且 Π 在 $E-N$ 上恒成立, 则称 Π 在 E 上几乎处处成立, 记为 Π a.e 于 E.

例 2.4.1 $|\tan x| < +\infty$ a.e 于 $\mathbf{R}^1$.

例 2.4.2 $f_n(x) = x^n \to 0$ a.e 于 $[-1, 1]$.

一般地, 如果 $mE[f_n \nrightarrow f] = 0$, 则记为 $f_n \to f$ a.e 于 E 或 $f_n \xrightarrow{\text{a.e}} f$ 于 E.

例 2.4.3 设 $f(x)$ 在 $[a, b]$ 上单调, 则 f 在 $[a, b]$ 上几乎处处连续.

例 2.4.4 Dirichlet 函数 $D(x) = 0$ a.e 于 $[0, 1]$.

一般地，如果 $mE[f \neq g] = 0$，则 $f = g$ a.e 于 E.

定理 2.4.3 设 f 在 E 上可测，且 $f = g$ a.e 于 E，则 g 也在 E 上可测.

证明 因为 $mE[f \neq g] = 0$，所以 g 在 $E[f \neq g]$ 上可测. 又因为 $E[f = g] = E - E[f \neq g]$ 是 E 的可测子集，所以 $g = f$ 在 $E[f = g]$ 上可测，故 g 在 E 上可测.

证毕.

定理 2.4.4 设 f_n 是定义在可测集 E 上的可测函数列，则

1) $h(x) = \sup\limits_{n \geq 1} f_n(x)$，$g(x) = \inf\limits_{n \geq 1} f_n(x)$ 为 E 上的可测函数；

2) $m(x) = \varliminf\limits_{n \to \infty} f_n(x)$，$M(x) = \varlimsup\limits_{n \to \infty} f_n(x)$ 均为 E 上的可测函数；

3) 若 f_n 存在极限，且 $f_n(x) \to f(x)$ a.e 于 E，则 $f(x)$ 在 E 上可测.

证明 1) 对 $\forall a$，由于 $E[h > a] = \bigcup\limits_{n=1}^{\infty} E[f_n > a]$，且 f_n 在 E 上可测，所以 $E[f_n > a]$ 可测，从而 $E[h > a]$，即 h 在 E 上可测. 同理可证 g 在 E 上可测.

2) 对 $m(x) = \varliminf\limits_{n \to \infty} f_n(x) = \sup\limits_{m \geq 1} \inf\limits_{n \geq m} f_n(x)$，令 $g_m(x) = \inf\limits_{n \geq m} f_n(x)$，则 $g_m(x)$ 在 E 上可测，故 $m(x) = \sup\limits_{m \geq 1} g_m(x)$ 在 E 上可测. 同理 $M(x)$ 在 E 上可测.

3) 若 $f(x) = \lim\limits_{n \to \infty} f_n(x)$ a.e 于 E，由 2) 知 $f(x) = m(x) = M(x)$ a.e 于 E，则 $f(x)$ 在 E 上可测.

证毕.

注 2.4.1 上、下确界函数仅限于至多可数个函数参与比较的情形，否则结论可能不成立. 如

$$f(x) = \begin{cases} 1 & x \in E_0 \\ 0 & x \in [0, 1] - E_0 \end{cases}$$

其中 E_0 为 $[0, 1]$ 中不可测子集，且

$$f_t(x) = \begin{cases} 1 & x = t \\ 0 & x \in [0, 1] - \{t\} \end{cases}$$

逐段连续，从而可测，但

$$f(x) = \sup_{t \in E_0} f_t(x) = \begin{cases} 1 & x \in E_0 \\ 0 & x \in [0, 1] - E_0 \end{cases}$$

因 $E\left[f > \dfrac{1}{2}\right] = E_0$ 不可测，导致 $f(x)$ 在 $E = [0, 1]$ 上不可测.

例 2.4.5 若 $f(x)$ 在 E 上可测，则 $f^+(x)$、$f^-(x)$，$|f(x)|$ 均在 E 上可测. 其中

$$f^+(x)=\begin{cases} f(x) & x\in E\,[f\geqslant 0] \\ 0 & x\in E\,[f<0] \end{cases},\ f^-(x)=\begin{cases} 0 & x\in E\,[f\geqslant 0] \\ -f(x) & x\in E\,[f<0] \end{cases}$$

分别称为 $f(x)$ 的正部函数、负部函数. 如图 2.4 所示.

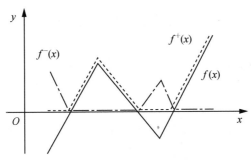

图 2.4

证明 因为对 $\forall a$, $E[-f>a]=E[f<-a]$, 所以当 f 可测时, $-f$ 可测. 又因为

$$f^+(x)=\max\{f(x),\,0\},\ f^-(x)=\max\{-f(x),\,0\}$$
$$|f(x)|=\max\{f(x),\,-f(x)\}=f^+(x)+f^-(x)$$

故当 f 可测时, $f^+(x)$、$f^-(x)$、$|f(x)|$ 均在 E 上可测.

证毕.

例 2.4.6 若 $f(x)$ 在 E 上非负可测, 则 $\{f(x)\}_n$ 在 E 上可测. 其中

$$\{f(x)\}_n=\begin{cases} n & x\in E[f\geqslant n] \\ f(x) & x\in E[f<n] \end{cases}$$

称为 $f(x)$ 的 n-截断函数. 如图 2.5 所示.

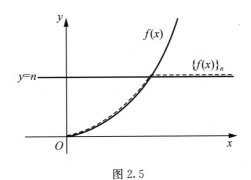

图 2.5

证明 显然 $\{f(x)\}_n=\min\{f(x),\,n\}$ 在 E 上可测.

定理 2.4.5 可测函数的和、差、积、商、绝对值函数仍为可测函数.

此定理留到可测函数的结构后证明会简单得多(详见定理 2.6.2 证明),故此处略.

第五节 可测函数列的几种收敛及其相互关系

改造积分定义的目的一是为了扩展可积范围,二是为了使操作更方便. 对 Lebesgue 积分而言,积分与极限交换顺序需要验证一个较为苛刻的条件:"$f_n(x)$ 在 E 上一致收敛于 $f(x)$". 将"一致收敛"削弱为"处处收敛"甚至"几乎处处收敛"是一种思路,在此先介绍另外两种削弱"一致收敛"条件的方法:依测度收敛和近一致收敛,最后研究各种收敛之间的相互关系,这些关系也是研究可测函数结构的重要工具.

从集合论的角度看:

"$f_n(x)$ 在 E 上一致收敛于 $f(x)$" $\Leftrightarrow$ "$\forall \sigma > 0$,$\exists N_0 > 0$,当 $n > N_0$ 时,$E[|f_n - f| \geq \sigma] = \varnothing$","一致收敛"条件苛刻在于它要求
$$E[|f_n - f| \geq \sigma]$$
从某项以后永远为空集. 能否放宽成允许不空,甚至允许为正测度集,仅仅要求
$$mE[|f_n - f| \geq \sigma] \to 0 (n \to +\infty)$$
呢? 这就产生了一个新的收敛概念.

定义 2.5.1 设 $f(x)$,$f_n(x)(n = 1, 2, \cdots)$ 为在 E 上几乎处处有限的可测函数,并对 $\forall \sigma > 0$,$\forall \varepsilon > 0$,$\exists N_0 > 0$,当 $n > N_0$ 时,有
$$mE[|f_n - f| \geq \sigma] < \varepsilon$$
即对 $\forall \sigma > 0$,有
$$\lim_{n \to \infty} mE[|f_n - f| \geq \sigma] = 0$$
则称函数列 $\{f_n(x)\}$ 在 E 上依测度收敛于 $f(x)$,记为 $f_n(x) \Rightarrow f(x)$ 于 E.

显然,若 $f_n(x) \xrightarrow{\text{一致}} f(x)$ 于 E(以后简记为 $f_n(x) \xrightarrow{u} f(x)$ 于 E),则 $f_n(x) \Rightarrow f(x)$ 于 E.

定义 2.5.2 设 E 为可测集,若对 $\forall \delta > 0$,$\exists$ 可测集 $F_\delta \subset E$ 满足 $m(E - F_\delta) < \delta$,$f_n(x) \xrightarrow{u} f(x)$ 于 F_δ,则称 $f_n(x)$ 在 E 上近一致收敛于 $f(x)$,记为 $f_n(x) \xrightarrow{a.u} f(x)$ 于 E.

显然,若 $f_n(x) \xrightarrow{u} f(x)$ 于 E,则 $f_n(x) \xrightarrow{a.u} f(x)$ 于 E.

下面我们将讨论几乎处处收敛、依测度收敛、近一致收敛相互之间的关系.

定理 2.5.1(Lebesgue 定理)　设 $mE<+\infty$，$f(x)$，$f_n(x)(n=1,2,\cdots)$ 为在 E 上几乎处处有限的可测函数，且 $f_n(x)\to f(x)$ a.e 于 E，则 $f_n(x)\Rightarrow f(x)$ 于 E.

证明　由例 1.1.11 的(1)式知

$$E[f_n\not\to f]=\bigcup_{k=1}^{\infty}\bigcap_{N=1}^{\infty}\bigcup_{n=N}^{\infty}E\left[\mid f_n-f\mid\geqslant\frac{1}{k}\right]$$

又因为 $f_n(x)$ 在 E 上几乎处处收敛于 $f(x)$，所以 $mE[f_n(x)\not\to f(x)]=0$. 于是对 $\forall\frac{1}{k}$，$m\left\{\bigcap_{N=1}^{\infty}\bigcup_{n=N}^{\infty}E\left[\mid f_n-f\mid\geqslant\frac{1}{k}\right]\right\}=0$，由内极限定理知

$$\lim_{N\to\infty}m\bigcup_{n=N}^{\infty}E\left[\mid f_n-f\mid\geqslant\frac{1}{k}\right]=0 \qquad (*)$$

对 $\forall\sigma>0$，$\exists\frac{1}{k}<\sigma$，则

$$E[\mid f_n-f\mid\geqslant\sigma]\subset E\left[\mid f_n-f\mid\geqslant\frac{1}{k}\right]$$

即

$$0\leqslant mE[\mid f_n-f\mid\geqslant\sigma]\leqslant mE\left[\mid f_n-f\mid\geqslant\frac{1}{k}\right]\to 0(n\to+\infty)$$

所以 $f_n(x)\overset{n\to\infty}{\Rightarrow}f(x)$ 于 E.

证毕.

注 2.5.1　条件"$mE<+\infty$"必不可少，请看下述反例.

例 2.5.1　$f_n(x)=\begin{cases}1 & x\in(0,n] \\ 0 & x\in(n,+\infty)\end{cases}$，有

$$f_n(x)\xrightarrow{\text{处处}}1\text{ 于}(0,+\infty)，\text{但 }f_n(x)\not\Rightarrow 1\text{ 于}(0,+\infty)$$

事实上，对 $\forall 0<\sigma<1$，有

$$mE[\mid f_n-1\mid\geqslant\sigma]=m(n,+\infty)=+\infty\not\to 0$$

反之，若 $f_n(x)$ 在 E 上依测度收敛于 $f(x)$，不能保证 $f_n(x)$ 在 E 上几乎处处收敛于 $f(x)$，请看下述反例.

例 2.5.2　$f_n^i(x)=\begin{cases}1 & x\in\left(\dfrac{i-1}{2^{n-1}},\dfrac{i}{2^{n-1}}\right] \\ 0 & x\in(0,1]-\left(\dfrac{i-1}{2^{n-1}},\dfrac{i}{2^{n-1}}\right]\end{cases}\quad\begin{array}{l}n=1,2,\cdots \\ i=1,2,\cdots,2^{n-1}\end{array}$

如图 2.6 所示，即 $f_n^i(x)$ 为第 n 排第 i 个函数，即将 $(0,1]$ 区间划分成 2^{n-1} 等

份，第 i 个区间上函数值规定为 1，其余点规定为 0.

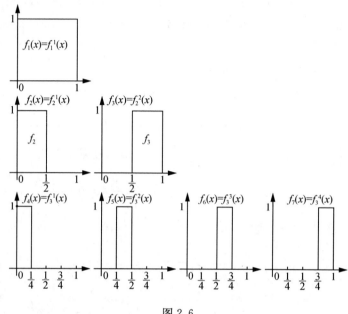

图 2.6

解 将以上函数从左到右，从上到下拉通编号排列成一函数序列，即令
$f_{2^{n-1}-1+i}(x) = f_n^i(x)$，$x \in (0, 1]$，$i = 1, 2, \cdots, 2^{n-1}$；$n = 1, 2, \cdots$

显然 $f_{2^{n-1}-1+i}(x) = f_n^i(x) \xrightarrow{n \to \infty} 0$ 于 $(0, 1]$，但对 $\forall x \in (0, 1]$ 有
$$f_{2^{n-1}-1+i}(x) = f_n^i(x) \nrightarrow 0, \ f_n^i(x) \nrightarrow 1$$

事实上，对 $\forall x \in (0, 1]$，对 $\forall n \geqslant 1$，都在第 n 排存在 $i_{(n, x)}$ 满足
$$f_{2^{n-1}-1+i_{(n, x)}}(x) = f_n^{i(n, x)}(x) = 1$$

同时对 $\forall n \geqslant 2$，都在第 n 排存在 $i'_{(n, x)}$ 满足
$$f_{2^{n-1}-1+i'_{(n, x)}}(x) = f_n^{i'_{(n, x)}}(x) = 0$$

从而对 $\forall x \in (0, 1]$，$f_n^i(x)$ 不收敛于任何实数.

但这并不意味着依测度收敛与几乎处处收敛没有任何联系. 事实上，每排取第一个函数组成的子序列 $f_{2^{n-1}}(x) = f_n^1(x)$ 便处处收敛于 0，下述著名的 F. Riesz 定理将表明"依测度收敛序列存在几乎处处收敛子序列"具有普遍性.

定理 2.5.2(F. Riesz 定理) 若 $f(x)$，$f_n(x)(n = 1, 2, \cdots)$ 为在 E 上几乎处处有限的可测函数，且 $f_n(x) \Rightarrow f(x)$ 于 E，则 $\exists$ 子列
$$f_{n_i}(x) \to f(x) \ \text{a. e} \ \text{于} \ E$$

证明 由例 1.1.11 的(1) 式知
$$E[f_{n_i} \not\to f] = \bigcup_{k=1}^{\infty} \bigcap_{N=1}^{\infty} \bigcup_{i=N}^{\infty} E\left[|f_{n_i} - f| \geq \frac{1}{k}\right]$$

于是只需选取 $f_{n_i}(x)$ 满足 $mE\left[|f_{n_i} - f| \geq \frac{1}{i}\right] < \frac{1}{2^i}$，即可保证对 $\forall k$，当 $i > k$ 时，有
$$\frac{1}{i} < \frac{1}{k}, \quad E\left[|f_{n_i} - f| \geq \frac{1}{k}\right] \subset E\left[|f_{n_i} - f| \geq \frac{1}{i}\right]$$

于是
$$0 \leq m \bigcap_{N=1}^{\infty} \bigcup_{i=N}^{\infty} E\left[|f_{n_i} - f| \geq \frac{1}{k}\right]$$
$$\leq \lim_{N \to \infty} m \bigcup_{i=N}^{\infty} E\left[|f_{n_i} - f| \geq \frac{1}{k}\right],$$
$$\leq \lim_{N \to \infty} \sum_{i=N}^{\infty} mE\left[|f_{n_i} - f| \geq \frac{1}{i}\right]$$
$$\leq \lim_{N \to \infty} \sum_{i=N}^{\infty} \frac{1}{2^i} = 0$$

从而
$$mE[f_{n_i} \not\to f] = 0$$

即 $f_{n_i}(x) \to f(x)$ a.e 于 E.

证毕.

推论 2.5.1 若 $f(x)$, $f_n(x)$ $(n = 1, 2, \cdots)$ 为在 E 上几乎处处有限的可测函数，且 $f_n(x) \Rightarrow f(x)$ 于 E，则 $\exists$ 子列 $f_{n_i}(x)$ 满足 $f_{n_i}(x) \xrightarrow{a.u} f(x)$ 于 E.

证明 取定理 2.5.2 选取的 $f_{n_i}(x)$ 就满足 $f_{n_i}(x) \xrightarrow{a.u} f(x)$ 于 E. 事实上，$\forall \delta > 0$, $\exists N$ 满足 $\sum_{i=N}^{\infty} mE\left[|f_{n_i} - f| \geq \frac{1}{i}\right] \leq \sum_{i=N}^{\infty} \frac{1}{2^i} < \delta$，则对 $\forall \varepsilon > 0$, $\exists N$ 满足 $\frac{1}{N} < \varepsilon$，当 $i \geq N$ 时，$|f_{n_i}(x) - f(x)| < \varepsilon$，即
$$f_{n_i}(x) \xrightarrow{u} f(x) \text{ 于 } F_\delta = E - \bigcup_{i=N}^{\infty} E\left[|f_{n_i} - f| \geq \frac{1}{i}\right], \text{ 且 } m(E - F_\delta) < \delta.$$

故 $f_{n_i}(x) \xrightarrow{a.u} f(x)$ 于 E.

证毕.

推论 2.5.2 若 $mE < +\infty$，$\{f_n(x)\}$、$f(x)$ 在 E 上几乎处处有限且可测，则
$$f_n(x) \Rightarrow f(x) \text{ 于 } E$$

$\Leftrightarrow$ 对 $\forall$ 子列 $f_{n_i}(x)$,$\exists$ 该子列的子列 $f_{n_{i_j}}(x) \to f(x)$ a.e 于 E.

证明 "$\Rightarrow$" 因为 $f_n(x) \Rightarrow f(x)$ 于 E,所以 $f_{n_i}(x) \Rightarrow f(x)$ 于 E,由定理 2.5.2 知:$\exists$ 该子列的子列 $f_{n_{i_j}}(x) \to f(x)$ a.e 于 E.

"$\Leftarrow$" 若不然,则 $\exists \sigma_0$,ε_0 及 $f_{n_i}(x)$ 满足
$$mE[\,|\,f_{n_i} - f\,| \geqslant \sigma_0\,] \geqslant \varepsilon_0$$
由条件知,对此 $f_{n_i}(x)$ 也 $\exists$ 子列 $f_{n_{i_j}}(x) \to f(x)$ a.e 于 E,即
$$mE[\,|\,f_{n_{i_j}} - f\,| \geqslant \sigma_0\,] \to 0 \left(n_{i_j} \to \infty\right)$$
这与 $mE[\,|\,f_{n_i} - f\,| \geqslant \sigma_0\,] \geqslant \varepsilon_0$ 矛盾.

证毕.

在数学分析中我们已经知道,即使函数列在每一点收敛,也不能保证一致收敛. 因此,对可能在某个零测度集上不收敛的函数列而言,更谈不上一致收敛. 例如 $f_n(x) = x^n \to 0$ 于 $[0,1)$,如图 2.7 所示,却不一致收敛. 究其原因是自变量越靠近 1 收敛速度越慢,没有最慢,只有更慢,从而不可能一致收敛. 但不难看出,只要挖去一个以 1 为右端点的小区间 $(1-\delta, 1)$ 后就有收敛最慢点 $x = 1 - \delta$ 了,从而可以保证一致收敛了.

注 2.5.2 "一致收敛" 并非要求各点 "收敛速度完全一致",只要求 "慢得有限制" 即可.

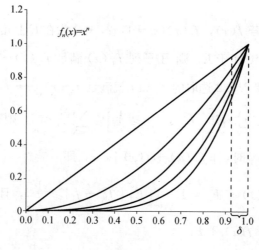

图 2.7

著名的俄国数学家叶果洛夫(Eropob)发现任何几乎处处收敛的可测函数列

都类似地有相应结果,即有下述定理恒成立.

定理 2.5.3(Eropob 定理) 若 $mE<+\infty$, $f_n(x)$, $f(x)$ 在 E 上几乎处处有限且可测,并 $f_n(x) \to f(x)$ a.e 于 E,则对 $\forall \delta>0$, $\exists$ 可测集 $F_\delta \subset E$, $m(E-F_\delta)<\delta$,满足 $f_n(x) \xrightarrow{一致} f(x)$ 于 F_δ(简记为 $f_n(x) \xrightarrow{u} f(x)$ 于 F_δ).

证明 第一步:对给定 $\delta>0$,构造 F_δ,由定理 2.5.1 证明过程中的($*$)式知:

对 $\forall \frac{1}{k}$ 有 $\lim\limits_{N \to \infty} m \bigcup\limits_{n=N}^{\infty} E\left[|f_n - f| \geqslant \frac{1}{k}\right] = 0$; 对 $\forall \delta > 0$, $\exists N_k > 0$,

$m \bigcup\limits_{n=N_k}^{\infty} E\left[|f_n - f| \geqslant \frac{1}{k}\right] \leqslant \frac{\delta}{2^k}$,于是对 $\forall \delta > 0$,令

$$F_\delta = \bigcap_{k=1}^{\infty} \bigcap_{n=N_k}^{\infty} E\left[|f_n - f| < \frac{1}{k}\right]$$

$$= E - \bigcup_{k=1}^{\infty} \bigcup_{n=N_k}^{\infty} E\left[|f_n - f| \geqslant \frac{1}{k}\right]$$

则 $E - F_\delta = \bigcup\limits_{k=1}^{\infty} \bigcup\limits_{n=N_k}^{\infty} E\left[|f_n - f| \geqslant \frac{1}{k}\right]$,故 $m(E - F_\delta) < \sum\limits_{k=1}^{\infty} \frac{\delta}{2^k} = \delta$.

第二步:证明 $f_n(x) \xrightarrow{u} f(x)$ 于 F_δ.

对 $\forall \varepsilon > 0$, $\exists \frac{1}{k} < \varepsilon$,即 $\exists N_k$;对 $\forall x \in F$,即

$$x \in F_\delta = \bigcap_{k=1}^{\infty} \bigcap_{n=N_k}^{\infty} E\left[|f_n - f| < \frac{1}{k}\right]$$

当 $n \geqslant N_k$ 时,$|f_n - f| < \frac{1}{k} < \varepsilon$,即 $f_n(x) \xrightarrow{u} f(x)$ 于 F_δ.

证毕.

叶果洛夫定理说明:在 $mE<+\infty$ 条件下,几乎处处收敛的函数列是近一致收敛的;反过来,下述逆定理则说明:近一致收敛无条件地同时保证了几乎处处收敛和依测度收敛.

定理 2.5.4 若 f_n、f 在 E 上可测,且 $f_n(x) \xrightarrow{a.u} f(x)$ 于 E,则

1) $f_n(x) \to f(x)$ a.e 于 E;

2) $f_n(x) \Rightarrow f(x)$ 于 E.

证明留给读者自己完成.

可测函数列的几种收敛间的关系如图 2.8 所示.

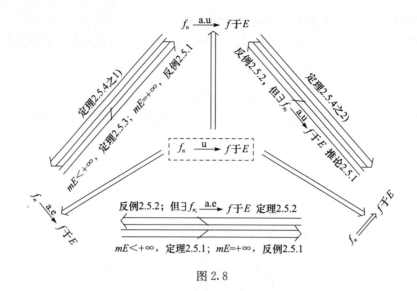

图 2.8

第六节 可测函数的结构

与可测集的讨论类似，先对可测函数的研究局限在建立空中楼阁，"如果有"可测函数，那么这些可测函数的相关函数仍然是可测，现在才讨论是否真有正测度集上定义的可测函数，至少有两类常见的可测函数：简单函数和连续函数，其他可测函数都无非是这两类函数的极限而已.

因此，本节先引进简单函数、相对连续函数、非负函数下方图形等重要概念，并从可测函数与简单函数的关系，可测函数与连续函数的关系，可测函数与其正、负部函数下方图形可测性的关系角度研究了可测函数的本质特征，从多种角度剖析了可测函数的结构.

1. 从可测函数与简单函数的关系角度剖析结构

定义 2.6.1 若 $E = \bigcup_{n=1}^{N} E_n$，其中 E_n 可测且互不相交，则称

$$\varphi(x) = \begin{cases} c_1 & x \in E_1 \\ c_2 & x \in E_2 \\ \cdots\cdots \\ c_N & x \in E_N \end{cases}$$

为 E 上的简单函数.

若 φ、ψ 为 E 上的简单函数，则 $\varphi \pm \psi$，$\varphi \times \psi$，$\varphi \div \psi$，$|\varphi|$ 也为 E 上的简单函数.

由于对 $\forall a$，$E[\varphi > a] = \bigcup\limits_{c_i > a} E_i$，故定义在 E 上的简单函数均为定义 E 上的可测函数. 特别地称

$$\chi_E(x) = \begin{cases} 1 & x \in E \\ 0 & x \notin E \end{cases}$$

为集合 E 的特征函数.

显然 $\chi_E(x)$ 可测 $\Leftrightarrow E$ 可测，这是称 $\chi_E(x)$ 为 E 特征函数的原因.

显然，E 上的简单函数 $\varphi(x) = \sum\limits_{n=1}^{N} c_n \chi_{E_n}(x)$.

一般说来，可测函数不一定是简单函数，但都可以表成简单函数的极限.

定理 2.6.1 f 在 E 上非负可测 $\Leftrightarrow \exists E$ 上的简单函数列 $\{f_n\}$ 满足 $0 \leqslant f_n(x) \leqslant f_{n+1}(x)$，且 $f_n(x) \to f(x)$ 于 E.

证明 如图 2.9 所示，"$\Rightarrow$" 若 $f \geqslant 0$ 且在 E 上可测，作

$$f_n(x) = \begin{cases} \dfrac{k-1}{2^n} & x \in E\left[\dfrac{k-1}{2^n} \leqslant f < \dfrac{k}{2^n}\right] \quad k = 1, 2, \cdots, n2^n \\ n & x \in E[f \geqslant n] \end{cases}$$

则显然有 $f_n(x) \leqslant f_{n+1}(x)$，且 $f_n(x) \xrightarrow{n \to \infty} f(x)(\forall x \in E)$.

事实上，若 $f(x) = +\infty$，则 $f_n(x) = n \to f(x) = +\infty$.

若 $0 \leqslant f(x) < +\infty$，则当 $n > f(x)$ 时，有

$$| f(x) - f_n(x) | < \dfrac{1}{2^n} \to 0 (n \to +\infty)$$

恒有 $f_n(x) \to f(x)$.

"$\Leftarrow$" 由定理 2.4.4 即得.

证毕.

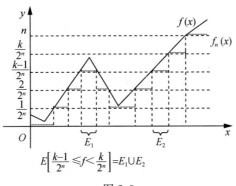

图 2.9

推论 2.6.1 f 在 E 上可测 $\Leftrightarrow \exists E$ 上的简单函数列 $\{f_n\}$ 满足

$$|f_n(x)| \leqslant |f_{n+1}(x)|,\text{ 且 } f_n(x) \xrightarrow{n\to\infty} f(x)(\forall x \in E)$$

证明 "$\Rightarrow$" f 为一般可测函数时，f^+、f^- 在 E 上可测，则存在 E 上的简单函数列 $\{f_n^+, f_n^-\}$ 满足

$$f_n^+(x) \leqslant f_{n+1}^+(x),\text{ 且 } f_n^+(x) \xrightarrow{n\to\infty} f^+(x)$$

$$f_n^-(x) \leqslant f_{n+1}^-(x),\text{ 且 } f_n^-(x) \xrightarrow{n\to\infty} f^-(x)$$

从而存在 E 上的简单函数列 $\{f_n\} = \{f_n^+(x) - f_n^-(x)\}$ 满足

$$|f_n^+(x) - f_n^-(x)| = |f_n^+(x)| + |f_n^-(x)|$$
$$\leqslant |f_{n+1}^+(x)| + |f_{n+1}^-(x)| = |f_{n+1}^+(x) - f_{n+1}^-(x)|$$

且 $f_n = f_n^+ - f_n^- \xrightarrow{n\to\infty} f(x) = f^+ - f^- (\forall x \in E)$.

"$\Leftarrow$" 由定理 2.4.4 之 3) 直接可得.

证毕.

定理 2.6.2 若 φ, ψ 为 E 上的可测函数，则 $\varphi \pm \psi$，$\varphi \times \psi$，$\varphi \div \psi$ ($\psi(x) \neq 0$，$\forall x \in E$)，$|\varphi|$ 也为 E 上的可测函数.

证明 因为 φ、ψ 为 E 上的可测函数，存在 E 上的简单函数 $\varphi_n \to \varphi$ a.e 于 E，$\psi_n \to \psi$ a.e 于 E，即 $\varphi_n \pm \psi_n \to \varphi \pm \psi$，$\varphi_n \times \psi_n \to \varphi \times \psi$，$|\varphi_n| \to |\varphi|$，故 $\varphi \pm \psi$，$\varphi \times \psi$，$|\varphi|$ 在 E 上可测.

对 $\forall$ 可测函数 ψ，当 $\psi \neq 0$ 于 E 时，因为对任意的实数 a，有

$$E\left[\frac{1}{\psi} < a\right] = \begin{cases} E[\psi < 0] \cup E\left[\psi > \frac{1}{a}\right] & \text{当 } a > 0 \\ E[\psi < 0] - E[\psi = -\infty] & \text{当 } a = 0 \\ E\left[\psi > \frac{1}{a}\right] & \text{当 } a < 0 \end{cases}$$

所以 $\frac{1}{\psi}$ 在 E 上可测，从而 $\frac{\varphi}{\psi} = \varphi \times \frac{1}{\psi}$ 在 E 上可测.

证毕.

2. 从可测函数与连续函数的关系角度剖析结构

定义 2.6.2 f 在 E 上有定义的有限函数，若 $x_0 \in E$，对 $\forall \varepsilon > 0$，$\exists \delta > 0$，当 $x \in E \cap U(x_0, \delta)$ 时，$|f(x) - f(x_0)| < \varepsilon$，则称 f 在 x_0 处相对于 E 连续. 若 f 在 E 中每一点都相对于 E 连续，则称 f 在 E 上连续.

其实数学分析中讨论定义在闭区间 $[a, b]$ 上的函数 f 是否连续时，就是对每点讨论是否相对于定义域 $E = [a, b]$ 连续. 如左端点只考虑右连续，右端点只考

虑左连续, 就是为了限制 $x \in E \bigcap U(x_0, \delta)$.

分别定义在两个区间上的连续函数, 在区间并集上至多只有在两个区间的公共边界点可能出现相对并区间不连续, 其余点都相对并区间连续. 如 $f(x) = 0$ 在 $[0, 1]$ 上连续, $f(x) = 1$ 在 $(1, 2]$ 上连续, $f(x) = \begin{cases} 0 & x \in [0, 1] \\ 1 & x \in (1, 2] \end{cases}$ 只在 $x = 1$ 处间断, 在 $[0, 2] - \{1\}$ 处处连续.

然而分别定义在两个可测集上的连续函数, 虽然在并集上也仍然只有两个可测集的公共边界点可能出现间断, 但两个可测集的公共边界点可能是整个定义域, 即无任何连续点.

例 2.6.1 Dirichlet 函数 $D(x)$ 在 $[0, 1]$ 中每一点相对于 $[0, 1]$ 皆不连续, 但对 $[0, 1]$ 中每一无理数处, 皆相对于 $[0, 1]$ 中的无理数集连续; 对 $[0, 1]$ 中每一有理数处, 皆相对于 $[0, 1]$ 中的有理数集连续.

思考: $D(x)$ 在 $[0, 1]$ 上处处间断, 与 $D(x)$ 相对于 $[0, 1]$ 中的无理数集连续, 又相对于 $[0, 1]$ 中的有理数集连续是否有逻辑矛盾, 为什么?

定理 2.6.3 若 f 在可测集 E 上连续, 则 f 在 E 上可测.

证明 只需证明对 $\forall a$, $E[f > a]$ 为可测集. 事实上, 对 $\forall x_0 \in E[f > a]$, 令 $\varepsilon = f(x_0) - a > 0$, $\exists \delta_{x_0} > 0$; 当 $x \in E \bigcap U(x_0, \delta_{x_0})$ 时, $|f(x) - f_0(x)| < \varepsilon$, 则 $f(x) > a$, 即

$$E \bigcap U(x_0, \delta_{x_0}) \subset E[f > a]$$

故

$$E[f > a] = \bigcup_{x_0 \in E[f > a]} \{E \bigcap U(x_0, \delta_{x_0})\} = E \bigcap \left\{ \bigcup_{x_0 \in E[f > a]} U(x_0, \delta_{x_0}) \right\}$$

显然 $\bigcup_{x_0 \in E[f > a]} U(x_0, \delta_{x_0})$ 是开集可测, 又因为 E 可测, 故 $E[f > a]$ 可测.

证毕.

注 2.6.1 由证明过程不难看出, 当 E 是开集时, $E[f > a]$ 也是开集.

虽然 Dirichlet 函数在 $[0, 1]$ 上处处间断, 但在去掉有理集这个零测度集后就相对连续了, 对一般可测函数而言, 是否也有相应结果呢? 俄国著名数学家鲁津 (лузин) 发现: 尽管无法保证 "都能去掉一个恰当零测度集后就相对连续", 但 "始终可以在一个充分接近定义域的闭集内相对连续".

定理 2.6.4(鲁津定理) 若 f 在 E 上可测, 且几乎处处有限, 则对 $\forall \delta > 0$, $\exists$ 闭集 $F_\delta \subset E$, 且 $m(E - F_\delta) < \delta$, f 在 F_δ 上连续.

证明 1) 若 $f(x)$ 为 E 上的简单函数, 则 $f(x) = C_i$, $x \in E_i$, $i = 1$,

$2, \cdots, n$. 其中 $E = \bigcup_{i=1}^{n} E_i$，$E_i$ 互不相交且可测，则对 $\forall \delta > 0$ 及 i，$\exists$ 闭集 $F_i \subset E_i$，$m(E_i - F_i) < \dfrac{\delta}{n}$，$i = 1, 2, 3, \cdots, n$，则 f 在 $F_\delta = \bigcup_{i=1}^{n} F_i$ 上连续.

事实上，对 $\forall x_0 \in F_\delta$，$\exists F_{i_0}$ 满足 $x_0 \in F_{i_0}$，对 $\forall \varepsilon > 0$，有
$$\exists d = \min_{i \neq i_0} d(x_0, F_i) > 0$$

当 $x \in F_\delta \bigcap U(x_0, d)$ 时，有
$$| f(x) - f(x_0) | = 0 < \varepsilon$$

即 f 在 F_δ 上连续，且 $m(E - F_\delta) < \delta$.

2) 若 f 为 E 上的一般可测函数，则 $\exists E$ 上的简单函数列 $\{f_n\}$ 满足 $f_n \to f$（f_n 不妨按定理 2.6.1 方法构造）.

① 若 $mE < +\infty$，因 $E[|f| = +\infty] = \bigcap_{k=1}^{\infty} E[|f| \geqslant k]$，由内极限定理知：对 $\forall \delta > 0$，$\exists N$ 满足 $mE[f \geqslant N] < \dfrac{\delta}{2}$，而 $f_n \xrightarrow{u} f$ 于 $E[f < N]$.

由 1) 知，对 $\forall \delta > 0$ 及 k，$\exists$ 闭集 $F_k \subset E[f < N]$，$m(E[f < N] - F_k) < \dfrac{\delta}{2^{n+1}}$，$n = 1, 2, 3, \cdots$，$f_n$ 在 F_k 上连续，从而所有 f_n 在闭集 $F = \bigcap_{k=1}^{\infty} F_k$ 上连续，且
$$m(E - F) \leqslant m(E - E[f < N]) + m(E[f < N] - F)$$
$$\leqslant \dfrac{\delta}{2} + m\left(E[f < N] - \bigcap_{k=1}^{\infty} F_k\right)$$
$$< \dfrac{\delta}{2} + m \bigcup_{k=1}^{\infty} (E[f < N] - F_k)$$
$$< \dfrac{\delta}{2} + \sum_{k=1}^{\infty} \dfrac{\delta}{2^{k+1}} = \delta$$

又因为 $f_n \xrightarrow{u} f$ 于 F，故 f 在 F 上连续.

② 若 $mE = +\infty$，令 $S_k = \left\{(x_1, x_2, \cdots, x_q) \mid \sqrt{\sum_{i=1}^{q} (x_i - 0)^2} < k\right\}$，$E_1 = S_1 \bigcap E$，$E_k = (S_k - S_{k-1}) \bigcap E$，如图 2.10 所示. 显然 $mE_k < +\infty$，$E = \bigcup_{k=1}^{\infty} E_k$，由 ① 知 $\exists$ 闭集 $F_k \subset E_k$ 满足 $m(E_k - F_k) < \dfrac{\delta}{2^k}$，$f$ 在 F_k 上连续，令 $F = \bigcup_{k=1}^{\infty} F_k$，则
$$m(E - F) < \sum_{k=1}^{\infty} m(E_k - F_k) < \sum_{n=1}^{\infty} \dfrac{\delta}{2^k} = \delta$$

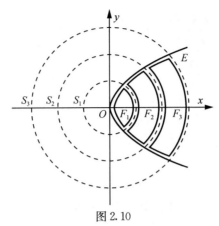

图 2.10

由于此处 F_n 的特殊性,可以得到两个特殊性质:① $F=\bigcup_{k=1}^{\infty}F_k$ 闭;② f 在 F 上连续.

事实上,$x_n \in F$,$x_n \to x_0$ 时,x_n 一定有界,即 $\exists M>0$,$x_n \in \bigcup_{k=1}^{M}F_k$,而 $\bigcup_{k=1}^{M}F_k$ 闭,所以 $x_0 \in \bigcup_{k=1}^{M}F_k \subset \bigcup_{k=1}^{\infty}F_k = F$,即 F 闭.

对 $\forall x_0 \in \bigcup_{k=1}^{\infty}F_k = F$,$\exists i_0$ 满足 $x_0 \in F_{i_0}$. 由于 f 在 F_{i_0} 上相对连续,对 $\forall \varepsilon > 0$,$\exists \delta$,当 $x \in F_{i_0} \cap U(x_0, \delta)$ 时,有 $|f(x)-f(x_0)|<\varepsilon$,取 $\delta < \min_{i \neq i_0} d(x_0, F_i) = \min\{d(x_0, F_{i_0-1}), d(x_0, F_{i_0+1})\}$ 时,$x \in E \cap U(x_0, \delta) \subseteq F_{i_0} \cap U(x_0, \delta)$,有 $|f(x)-f(x_0)|<\varepsilon$,故 f 在 $F=\bigcup_{k=1}^{\infty}F_k$ 上连续.

证毕.

注 2.6.2 "对 $\forall k$,F_k 闭,f 在 F_k 上连续,则 $\bigcup_{k=1}^{\infty}F_k$ 闭,且 f 在 $\bigcup_{k=1}^{\infty}F_k$ 上连续"并非是具有普遍性的结论,F_k 构造过程中一系列的特殊性才是结论成立的重要保证.

定理 2.6.5(鲁津定理的第二形式) 若 f 是直线上的可测子集 E 上的几乎处处有限的可测函数,则对 $\forall \delta > 0$,$\exists g \in C(-\infty, +\infty)$ 使得 $mE[f \neq g] < \delta$,且 $|g(x)| \leqslant \sup\{|f(x)| \mid x \in E\}$.

证明 由定理 2.6.4 知:对 $\forall \delta > 0$,$\exists$ 闭集 $F_\delta \subset E$,且 $m(E-F_\delta)<\delta$,f 在 F_δ 上连续. 作 g 满足在闭集 F_δ 保持与 f 一致,在 F_δ 的余区间 CF_δ 上按如图 2.11 所示的直线连接补充定义使其连续. 因为 F_δ 闭,所以 CF_δ 是开集,设

$$CF_\delta = \bigcup_{i \in I}(a_i, b_i) \quad (\overline{\overline{I}} \leqslant a)$$

即令

$$g(x) = \begin{cases} f(x) & x \in F_\delta \\ f(b_k) & x \in (-\infty, b_k) \\ f(a_j) & x \in (a_j, +\infty) \\ f(a_i) + \dfrac{f(b_i) - f(a_i)}{b_i - a_i}(x - a_i) & a_i, b_i \text{ 有限}, x \in (a_i, b_i) \end{cases}$$

则可验证：$g \in C(-\infty, +\infty)$ 使得 $mE[f \neq g] \leqslant m(E - F_\delta) < \delta$，且
$$|g(x)| \leqslant \sup\{|f(x)| \,|\, x \in F_\delta\} \leqslant \sup\{|f(x)| \,|\, x \in E\}$$
证毕.

注 2.6.3 $g \in C(-\infty, +\infty)$ 并非如图 2.11 所示那么简单而被认为当然. 当 F_δ 余区间个数无限时，必须依靠严格的逻辑论证.

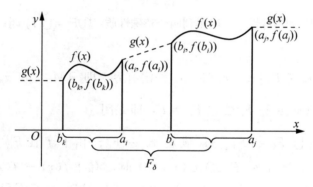

图 2.11

其实，以上两定理结果也是可测函数的本质特征之一，即具有上述结果的函数一定是可测函数，证明留作习题.

另外，结合 Lebesgue 定理，我们可从连续函数的极限角度获得直线上可测函数的结构.

定理 2.6.6 设可测集 $E \subset (-\infty, +\infty)$ 且 f 在 E 上几乎处处有限，则 f 在 E 上可测 $\Leftrightarrow \exists g_n \in C(-\infty, +\infty)$，$g_n(x) \xrightarrow{n \to \infty} f(x)$ a.e 于 E，且
$$|g_n(x)| \leqslant \sup\{|f(x)| \,|\, x \in E\}$$

证明 "$\Rightarrow$" 由鲁津定理知：对 $\forall n$，$\exists f_n \in C(-\infty, +\infty)$ 满足
$$mE[f_n \neq f] < \frac{1}{n}, \text{ 且 } |f_n(x)| \leqslant \sup\{|f(x)| \,|\, x \in E\}$$

则 $f_n(x) \Rightarrow f(x)$ 于 E. 由 F. Riesz 定理知：$\exists$ 子列 $f_{n_i} \xrightarrow{n_i \to \infty} f(x)$ a.e 于 E，取 $g_i(x) = f_{n_i}(x)$ 即可.

"$\Leftarrow$" 显然.

证毕.

"可测函数可以表示成简单函数的极限"这一结构特征,为通过 Lebesgue 大、小和定义积分值,讨论积分性质的传统方法提供了思路和理论保证.

可测函数与连续函数的关系可以从两个角度看:① "可测函数可以在充分接近定义域的闭集上相对连续";② 所有可测函数都是连续函数在依测度收敛、几乎处处收敛、近一致收敛意义下的极限. 这些结构特征清晰地表明了即将规定的 Lebesgue 积分的可积范围与 Riemann 积分的可积范围的联系.

由 Riemann 积分的几何意义知,积分值是 $x=a$,$x=b$,$y=0$,$y=f(x)$ 四条线所围区域面积的代数和,那么我们自然想知道可测函数相应区域可以求测度吗? 即需再从函数图形可测与否角度探讨可测函数的结构.

3. 从函数图形角度剖析结构

定义 2.6.3 若 $f(x) \geqslant 0$,则称 $G_{(f, E)} = \{(x, y) \mid x \in E, 0 \leqslant y < f(x)\}$ 为 f 在 E 上的下方图形.

定理 2.6.7 若 f 在 E 上可测,则 $G_{(f^+, E)}$,$G_{(f^-, E)}$ 均为可测集.

证明 1) 若 f 为 E 上的非负简单函数,则 $G_{(f, E)} = \bigcup\limits_{i=1}^{n}(E_i \times [0, c_i])$ 可测.

2) 若 f 为一般非负可测函数,则 $\exists E$ 上的简单函数列 $\{f_n\}$ 满足
$$0 \leqslant f_n(x) \leqslant f_{n+1}(x), \text{且} f_n(x) \to f(x)(\forall x \in E)$$
$$G_{(f, E)} = \bigcup_{n=1}^{\infty} G_{(f_n, E)}$$
由于对 $\forall n$,$G_{(f_n, E)}$ 是可测集,所以 $G_{(f, E)}$ 是可测集.

3) 若 f 为一般可测函数,则 f^+ 与 f^- 均为可测函数,故 $G_{(f^+, E)}$,$G_{(f^-, E)}$ 均为可测集.

证毕.

其实,$G_{(f^+, E)}$,$G_{(f^-, E)}$ 可测是 f 在 E 上可测的本质特征. 反之,$G_{(f^+, E)}$,$G_{(f^-, E)}$ 可测也能保证 f 在 E 上可测,这将在第三章推论 3.4.1 中证明,即
$$f \text{ 在 } E \text{ 上可测} \Leftrightarrow G_{(f^+, E)}, G_{(f^-, E)} \text{ 可测}$$

现在清楚了,与其说引入函数可测性的目的是为了保证在通过值域反过来将定义域划分成不太规则的集合 $E[a \leqslant f < b]$ 后仍然可以求测度,还不如简单直观地解释成是为了保证能求正、负部函数曲线(面)与定义域所在坐标轴(面)围图形 $G_{(f^+, E)}$,$G_{(f^-, E)}$ 的面积(体积),这为第三章直接利用正、负部函数下方图形测度之差定义积分奠定了基础.

到现在为止,我们研究了开集的结构及可测集、可测函数的结构,它们的一大共同点是: 通过简单表出复杂进而把握复杂,通过直观表出抽象进而把握抽

象,通过少数表出多数进而把握多数. 其实这样的思维方法早在中小学数学课程早已熟悉,有理数是比整数范围更加广泛的新概念,尽管有理数并不一定再是整数,但无非就是两整数之商而已. 实数是比有理数范围更加广泛的新概念,尽管实数并不一定再是有理数,但无非就是一串有理数的极限而已.

习 题 二

1. 证明:若 E 有界,则 $m^*E < +\infty$.

2. 证明:可数集的外测度为 0.

3. 设 E 是直线上一有界集,$m^*E > 0$,则对 $\forall c \in (0, m^*E)$,恒 $\exists E_0 \subseteq E$ 满足 $m^*E_0 = c$. (其实去掉条件"E 是直线上一有界集"后,命题仍成立).

4. 设 $S_1, S_2, \cdots, S_n$ 是一些互不相交的可测集合,$E_i \subseteq S_i (i = 1, 2, \cdots, n)$,求证 $m^*(\bigcup_{i=1}^{n} E_i) = \sum_{i=1}^{n} m^*E_i$.

5. 证明:F 为 F_σ 型集 $\Leftrightarrow CF$ 是 G_δ 型集,G 为 G_δ 型集 $\Leftrightarrow CG$ 是 F_σ 型集.

6. 证明:开集、闭集均既是 F_σ 型集又是 G_δ 型集.

7. 证明:$(0, 1]$ 既是 F_σ 型集,又是 G_δ 型集. 有理数集只是 F_σ 型集而不是 G_δ 型集,无理数集只是 G_δ 型集而不是 F_σ 型集.

8. 证明:直线上所有可测集合作成集合类的基数等于直线上所有集合类的基数. (提示:P_0 集的子集作成集合类与 R^1 的子集作成集合类势相等)

9. 若 $\sum_{n=1}^{\infty} m^*E_n < +\infty$,则 $\overline{\lim_{n \to \infty}} E_n$ 为可测集,且 $m(\overline{\lim_{n \to \infty}} E_n) = 0$.

10. 证明:$f(x)$ 在 E 上可测 $\Leftrightarrow$ 对 $\forall$ 有理数 r,$E[f > r]$ 可测. 如果 $\forall$ 有理数 r,$E[f = r]$ 可测,问 $f(x)$ 是否在 E 上一定可测?如果 $\forall$ 实数 a,$E[f = a]$ 可测,问 $f(x)$ 是否在 E 上一定可测?

11. 证明:若 f 在 $[a, b]$ 上单调,则 f 在 $[a, b]$ 上可测.

12. 设 $\{f_n(x)\}$ 为 E 上的可测函数列,证明它的收敛点集和发散点集都是可测集.

13. 设不可测集 $E \subset [0, 1]$,令
$$f(x) = \begin{cases} 1 & x \in E \\ -1 & x \in [0, 1] - E \end{cases}$$
问 $f(x)$ 是否在 $[0, 1]$ 上可测,$|f(x)|$ 是否在 $[0, 1]$ 上可测,为什么?

14. 设 $mE < +\infty$,$f_n(x)(n = 1, 2, \cdots)$ 是定义在 E 上的几乎处处有限的可测函数列,而 $f_n(x)$ 几乎处处收敛于有限函数 $f(x)$,则对 $\forall \varepsilon > 0$,$\exists$ 常数 C 与

可测子集 $E_0 \subset E$ 满足 $m(E-E_0)<\varepsilon$，$|f_n(x)|\leqslant C(x\in E_0,n=1,2,\cdots)$.

15. 设 $f(x)$ 是 $(-\infty,+\infty)$ 上的连续函数，$g(x)$ 为 $[a,b]$ 上的可测函数，则 $f[g(x)]$ 为 $[a,b]$ 上的可测函数.

16. 设 $f_n(x)(n=1,2,\cdots)$ 均在 E 上可测，且 $f_n(x)\Rightarrow f(x)$ 于 E，且 $f_n(x)\leqslant g(x)$ a.e 于 $E(n=1,2,\cdots)$，则 $f(x)\leqslant g(x)$ a.e 于 E.

17. 设 $f_n(x)\Rightarrow f(x)$ 于 E，且 $f_n(x)\leqslant f_{n+1}(x)$ a.e 于 $E(n=1,2,\cdots)$，证明 $f_n(x)\to f(x)(n\to+\infty)$ a.e 于 E.

18. 设 $f_n(x)\Rightarrow f(x)$ 于 E，且 $f_n(x)=g_n(x)$ a.e 于 $E(n=1,2,\cdots)$，证明 $g_n(x)\Rightarrow f(x)$ 于 E.

19. 设 $mE<+\infty$，$f_n(x)$、$g_n(x)(n=1,2,\cdots)$ 为 E 上几乎处处有限的可测函数列，且 $f_n(x)\Rightarrow f(x)$ 于 E，$g_n(x)\Rightarrow g(x)$ 于 E，则

1) $f_n(x)\pm g_n(x)\Rightarrow f(x)\pm g(x)$ 于 E；
2) $f_n(x)g_n(x)\Rightarrow f(x)g(x)$ 于 E；
3) $f_n(x)/g_n(x)\Rightarrow f(x)/g(x)$ 于 E；$g(x)\neq 0$ a.e 于 E；
4) $|f_n(x)|\Rightarrow|f(x)|$ 于 E；
5) $\min\{f_n(x),g_n(x)\}\Rightarrow\min\{f(x),g(x)\}$ 于 E；
6) $\max\{f_n(x),g_n(x)\}\Rightarrow\max\{f(x),g(x)\}$ 于 E.

20. 设 $f_n(x)(n=1,2,\cdots)$ 在 $\forall$ 集 E 上"近一致收敛"于 $f(x)$，证明 $f_n(x)\to f(x)$ a.e 于 E(叶果洛夫逆定理).

21. 举例说明：叶果洛夫定理中条件"$mE<+\infty$"不可少.

22. 证明鲁津定理的逆定理.

23. 探寻在何种条件下可测函数 f 存在简单函数列 $f_n\xrightarrow{\text{一致}}f$ 于 E，此条件是否既充分又必要？请证明或举反例说明.

24. 探寻在何种条件下"若 f 在 F_k 上连续，则 f 在 $\bigcup_{k=1}^{\infty}F_k$ 上连续"，该条件是否既充分又必要？请证明或举反例说明.

第三章　Lebesgue 积分及其性质

本章定义了可测函数的 Lebesgue 积分，并讨论了 Lebesgue 积分的性质、计算方法，在相对"一致收敛"而言相当弱的条件下证明了积分的极限定理；并利用积分的极限定理讨论了 Lebesgue 积分与 Riemann 积分的关系，获得了 Riemann 可积的本质特征；研究了重积分与累次积分、积分与微分的关系.

接着介绍了单调函数、有界变差函数的定义、相互联系、基本性质；然后引入了绝对连续概念，讨论了绝对连续函数与单调函数、有界变差函数的关系；最后证得了牛顿莱布尼兹公式成立的充要条件是 $f(x)$ 绝对连续.

第一节　Lebesgue 积分的定义及其基本性质

有了第二章的准备之后，就可以对可测函数 f 先定义大、小和，即

$$S(D, f) = \sum_{i=1}^{n} y_i mE[y_{i-1} \leqslant f < y_i]$$

$$s(D, f) = \sum_{i=1}^{n} y_{i-1} mE[y_{i-1} \leqslant f < y_i]$$

然后分别规定 $\sup_D S(D, f)$、$\inf_D s(D, f)$ 为 f 在 E 上的 Lebesgue 上、下积分值，于是几乎与 Riemann 积分理论完全平行地将 Lebesgue 上、下积分值相等时定义为 Lebesgue 可积，将其共同值称为 Lebesgue 积分值，并讨论新积分的性质、计算方法、与 Riemann 积分的关系. 这既是 Lebesgue 创立新积分的原始思路，也是传统教材介绍 Lebesgue 积分定义的普遍方法.

然而在第二章研究可测函数的结构时，我们发现函数可测的实质是该函数的正、负部函数的下方图形可测，再加之由数学分析我们已经知道：对连续函数而言，Riemannn 积分值是函数曲线与 x 轴，$x=a$，$x=b$ 所围的 x 轴上、下方图形面积的代数和，现借鉴此基本思路直接定义新积分.

定义 3.1.1　1) 若 $f(x)$ 为可测集 E 上的非负可测函数，则称 $mG_{(f, E)}$ 为 f 在 E 上的 Lebesgue 积分值，记为 $(L)\int_E f dx$，也简称 $mG_{(f, E)}$ 为 f 在 E 上的积分值，并简记为 $\int_E f dx$.

2) 若 $f(x)$ 为可测集 E 上的一般可测函数,且 $\int_E f^+ \mathrm{d}x = mG_{(f^+, E)}$, $\int_E f^- \mathrm{d}x = mG_{(f^-, E)}$ 至少有一个有限,则称 $f(x)$ 在 E 上存在积分值,并规定积分值为

$$\int_E f \mathrm{d}x = \int_E f^+ \mathrm{d}x - \int_E f^- \mathrm{d}x = mG_{(f^+, E)} - mG_{(f^-, E)}$$

如果 $-\infty < \int_E f \mathrm{d}x < +\infty$,则称 f 在 E 上可积.

注 3.1.1 此处作 "$\int_E f^- \mathrm{d}x$、$\int_E f^+ \mathrm{d}x$ 至少有一个有限" 的限制在于保证不出现 $\infty - \infty$ 的无意义表达式.

显然:1) f 在 E 上可积 $\xLeftrightarrow{mE<+\infty,\, f\text{有界}}$ f 在 E 上可测;

2) f 在 E 上有积分值 $\xLeftrightarrow{f \geqslant 0}$ f 在 E 上可测;

3) f 在 E 上可积 $\Leftrightarrow \int_E f^+ \mathrm{d}x$、$\int_E f^- \mathrm{d}x$ 均有限;

4) f 在 E 上有积分值 $\Leftrightarrow \int_E f^+ \mathrm{d}x$、$\int_E f^- \mathrm{d}x$ 至少一个有限.

注 3.1.2 (L) 积分定义有三大优点:定义简洁、直观明了;不需大、小和概念;不必考虑函数是否有界,定义域测度是否有限.

如何具体计算积分值呢?下面分三种情况讨论.

1) 若 f 为可测集 E 上的非负简单函数,则

$$f(x) = c_i,\ x \in E_i(i = 1, 2, 3, \cdots, n),\ E_i \cap E_j = \varnothing (i \neq j)$$

从而 f 在 E 上的积分值为 $mG_{(f, E)} = \sum_{i=1}^{n} c_i mE_i$.

例 3.1.1 Dirichlet 函数

$$D(x) = \begin{cases} 1 & x \in E_1 = \{x \mid x \text{ 为}[0, 1] \text{ 上的有理数}\} \\ 0 & x \in E_2 = \{x \mid x \text{ 为}[0, 1] \text{ 上的无理数}\} \end{cases}$$

在 $E = [0,1]$ 上可积,且 $\int_E D \mathrm{d}x = 1 \times mE_1 + 0 \times mE_2 = 0$.

2) 若 $f(x)$ 为可测集 E 上的非负可测函数,则 $\exists E$ 上的非负简单函数列 $\{\varphi_n(x)\}$ 满足 $0 \leqslant \varphi_n(x) \leqslant \varphi_{n+1}(x)$,$\varphi_n(x) \to f(x)(n \to +\infty)$,显然 $G_{(\varphi_n, E)} \subset G_{(\varphi_{n+1}, E)}$,且 $G_{(f, E)} = \lim_{n \to \infty} G_{(\varphi_n, E)}$,从而由测度的外极限定理知:$f$ 在 E 上的积分值为 $mG_{(f, E)} = \lim_{n \to \infty} mG_{(\varphi_n, E)} = \lim_{n \to \infty} \int_E \varphi_n \mathrm{d}x$.

当我们按定理 2.6.1 方法构造简单函数列

$$\varphi_n(x) = \begin{cases} \dfrac{i-1}{2^n} & x \in E\left[\dfrac{i-1}{2^n} \leqslant f < \dfrac{i}{2^n}\right] \quad i = 1, 2, \cdots, n2^n \\ n & x \in E[f \geqslant n] \end{cases}$$

$mG_{(\varphi_n, E)}$ 便是 f 在分划 $T_n: E = \bigcup\limits_{i=1}^{n2^n} E_i$ 下的小和 $s(f, T_n)$，即

$$\begin{aligned}
\int_E f \mathrm{d}x &= \lim_{n\to\infty} mG_{(\varphi_n, E)} \\
&= \lim_{n\to\infty} s(f, T_n) \\
&= \lim_{n\to\infty}\left\{\sum_{i=1}^{n2^n} \dfrac{i-1}{2^n} mE\left[\dfrac{i-1}{2^n} \leqslant f < \dfrac{i}{2^n}\right] + n\, mE[f \geqslant n]\right\}
\end{aligned}$$

这与定义 (R) 积分的分割、求和、取极限三大步骤基本相似.

思考：能否与 Riemann 积分类似地通过 f 在分划 $T_n: E = \bigcup\limits_{i=1}^{n2^n} E_i$ 下的大和 $S(f, T_n)$ 的极限来规定 Lebesgue 积分呢？为什么？

3) 若 $f(x)$ 为可测集 E 上的一般可测函数，则按 2) 分别求出 $\int_E f^+ \mathrm{d}x$ 和 $\int_E f^- \mathrm{d}x$ 从而获得 $\int_E f \mathrm{d}x$.

显然测度有限的可测集 E 上定义的有界可测函数均为可积函数.

对变号函数通过正部函数、负部函数分别判定可积性和求积分值来研究函数本身的可积性和求积分值是 Riemann 积分与 Lebesgue 积分的重大区别之一，也是 Riemann 广义积分中的条件可积函数不再是 Lebesgue 可积的实质原因.

以上三大步骤不仅说明了 Lebesgue 积分的可操作性，也是在证明一系列积分性质时所通常采取的循序渐进的方法.

注 3.1.3 从表达式角度看区别在于 Riemann 积分直接将定义域分成区间，将函数曲线与 x 轴、$x=a$、$x=b$ 所围的 x 轴图形用"刀"竖着"切"成小块，$f(\xi_i)\Delta x_i$ 是竖着"切"的"矩形面积"，从左向右第 i 个集合的底部长度为 Δx_i，高度为 $f(\xi_i)$，然后对所有小块面积求和、取极限得积分值

$$(R)\int_a^b f(x)\mathrm{d}x = \lim_{||T||\to 0} \sum_{i=1}^n f(\xi_i)\Delta x_i$$

如图 3.1 所示.

Lebesgue 积分是通过将值域分成区间后反过来将定义域分成有限个集合 $E\left[\dfrac{i-1}{2^n} \leqslant f < \dfrac{i}{2^n}\right]$（既不一定是区间，也不一定是有限个区间之并，可能无法用

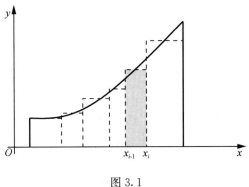

图 3.1

图来表示其形状)，$\frac{i-1}{2^n}mE\left[\frac{i-1}{2^n}\leqslant f<\frac{i}{2^n}\right]$ 仍然是竖着"切"的"矩形面积"，即从低到高第 i 组集合本身可能由几块甚至无限多块组成，其高度为 $y_{i-1}=\frac{i-1}{2^n}$，底部总长度为 $mE\left[\frac{i-1}{2^n}\leqslant f<\frac{i}{2^n}\right]$；然后对所有小块面积求和、取极限得积分值

$$(L)\int_a^b f(x)\mathrm{d}x = \lim_{n\to\infty}\left\{\sum_{i=1}^{n2^n}\frac{i-1}{2^n}mE\left[\frac{i-1}{2^n}\leqslant f<\frac{i}{2^n}\right]+nmE[f\geqslant n]\right\}$$

如图 3.2 所示.

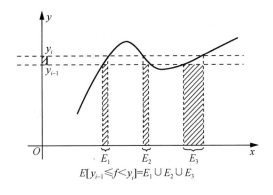

$E[y_{i-1}\leqslant f<y_i]=E_1\cup E_2\cup E_3$

图 3.2

注 3.1.4 其积分和式可以简化为

$$(L)\int_E f\mathrm{d}(x) = \lim_{n\to\infty}\sum_{i=1}^{n2^n}\frac{1}{2^n}mE\left[f\geqslant\frac{i}{2^n}\right]$$

事实上，对非负函数而言恒有下述集合等式成立.

$$\sum_{i=1}^{n2^n} \frac{i-1}{2^n} mE\left[\frac{i-1}{2^n} \leqslant f < \frac{i}{2^n}\right] + nmE[f \geqslant n]$$

$$= \sum_{i=1}^{n2^n} \frac{i-1}{2^n} \left\{ mE\left[f \geqslant \frac{i-1}{2^n}\right] - mE\left[f \geqslant \frac{i}{2^n}\right] \right\} + nmE[f \geqslant n] = \sum_{i=1}^{n2^n} \frac{1}{2^n} mE\left[f \geqslant \frac{i}{2^n}\right]$$

于是 Lebesgue 积分的的几何意义可以从另一个角度去理解：将函数曲线与 x 轴、$x=a$、$x=b$ 所围的 x 轴图形用"刀"横着"切"成小块，然后对所有小块面积求和. 只不过横着"切"成小块并非只有一块，可能多块甚至无限多块，也可能不成形，从下向上第 i 个集合的高(宽)度 $y_i - y_{i-1} = \frac{i}{2^n} - \frac{i-1}{2^n} = \frac{1}{2^n}$，平行于 x 轴边的总长度为 $E[f \geqslant y_i]$，然后对所有小块面积求和、取极限得积分值,有

$$(L)\int_E f \mathrm{d}x = \lim_{n \to \infty} \sum_{i=1}^{n2^n} \frac{1}{2^n} mE\left[f \geqslant \frac{i}{2^n}\right]$$

如图 3.3 所示.

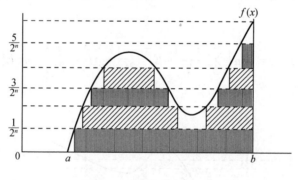

图 3.3

定理 3.1.1 设 $f(x)$ 在 E 上有积分值，则对 $\forall$ 实数 α，$\alpha f(x)$ 在 E 上也有积分值，且

$$\int_E \alpha f \mathrm{d}x = \alpha \int_E f \mathrm{d}x \tag{1}$$

证明 1) 当 $\alpha \geqslant 0$ 时，分三种情形证明.

① 若 $f(x)$ 为 E 上的非负简单函数，式(1)显然成立.

② 若 $f(x)$ 为 E 上的非负可测函数，则 $\exists E$ 上的非负简单函数列 $\{\varphi_n(x)\}$ 满足 $\varphi_n(x) \leqslant \varphi_{n+1}(x)$，$\varphi_n(x) \to f(x)(n \to +\infty)$，$\int_E \alpha f \mathrm{d}x = \lim_{n \to \infty} \int_E \alpha \varphi_n \mathrm{d}x = \lim_{n \to \infty} \alpha \int_E \varphi_n \mathrm{d}x = \alpha \lim_{n \to \infty} \int_E \varphi_n \mathrm{d}x = \alpha \int_E f \mathrm{d}x$，即式(1)成立.

③ 若 $f(x)$ 为一般可测函数，则
$$(\alpha f)^+ = \alpha f^+, \quad (\alpha f)^- = \alpha f^-$$
$$\int_E \alpha f \mathrm{d}x = \int_E \alpha f^+ \mathrm{d}x - \int_E \alpha f^- \mathrm{d}x$$
$$= \alpha \int_E f^+ \mathrm{d}x - \alpha \int_E f^- \mathrm{d}x = \alpha \int_E f \mathrm{d}x$$

2) 当 $\alpha < 0$ 时，利用 ② 及 $(\alpha f)^+ = -\alpha f^-$，$(\alpha f)^- = -\alpha f^+$ 得
$$\int_E \alpha f \mathrm{d}x = \int_E (\alpha f)^+ \mathrm{d}x - \int_E (\alpha f)^- \mathrm{d}x$$
$$= \int_E (-\alpha) f^- \mathrm{d}x - \int_E (-\alpha) f^+ \mathrm{d}x$$
$$= (-\alpha) \int_E f^- \mathrm{d}x - (-\alpha) \int_E f^+ \mathrm{d}x = \alpha \int_E f \mathrm{d}x$$

证毕.

定理 3.1.2 设 $f(x)$，$g(x)$ 在 E 上可积，则 $f(x) \pm g(x)$ 也在 E 上可积，且
$$\int_E [f \pm g] \mathrm{d}x = \int_E f \mathrm{d}x \pm \int_E g \mathrm{d}x \tag{2}$$

证明 1) 若 $f(x)$，$g(x)$ 为 E 上的非负简单函数，则式(2)显然成立.

2) 若 $f(x)$，$g(x)$ 为 E 上的非负可测函数，则存在简单函数列 $\{\varphi_n(x)\}$、$\{\psi_n(x)\}$ 满足
$$0 \leqslant \varphi_n(x) \leqslant \varphi_{n+1}(x), \quad \varphi_n(x) \to f(x) \quad (n \to +\infty)$$
$$0 \leqslant \psi_n(x) \leqslant \psi_{n+1}(x), \quad \psi_n(x) \to g(x) \quad (n \to +\infty)$$

从而
$$\varphi_n(x) + \psi_n(x) \leqslant \varphi_{n+1}(x) + \psi_{n+1}(x)$$

且
$$\varphi_n(x) + \psi_n(x) \to f(x) + g(x) \quad (n \to +\infty)$$
$$\int_E [f+g] \mathrm{d}x = \lim_{n \to \infty} \int_E [\varphi_n + \psi_n] \mathrm{d}x$$
$$= \lim_{n \to \infty} \left[\int_E \varphi_n \mathrm{d}x + \int_E \psi_n \mathrm{d}x \right]$$
$$= \lim_{n \to \infty} \int_E \varphi_n \mathrm{d}x + \lim_{n \to \infty} \int_E \psi_n \mathrm{d}x$$
$$= \int_E f \mathrm{d}x + \int_E g \mathrm{d}x$$

即式(2)成立.

3) 若 $f(x)$，$g(x)$ 为 E 上的一般可积函数，则

$$[f+g]^+ \leqslant f^+ + f^- + g^+ + g^-$$

从而
$$G_{([f+g]^+, E)} \subset G_{(f^+ + f^- + g^+ + g^-, E)}$$

故
$$mG_{([f+g]^+, E)} \leqslant mG_{(f^+ + f^- + g^+ + g^-, E)} < +\infty$$

即$[f+g]^+$在E上可积，同理$[f+g]^-$在E上可积.

又因为
$$[f+g] = [f+g]^+ - [f+g]^- = (f^+ - f^-) + (g^+ - g^-)$$

移项得
$$[f+g]^+ + f^- + g^- = f^+ + g^+ + [f+g]^-$$

由 2) 得
$$\int_E [f+g]^+ \mathrm{d}x + \int_E f^- \mathrm{d}x + \int_E g^- \mathrm{d}x$$
$$= \int_E f^+ \mathrm{d}x + \int_E g^+ \mathrm{d}x + \int_E [f+g]^- \mathrm{d}x$$

故
$$\int_E [f+g]^+ \mathrm{d}x - \int_E [f+g]^- \mathrm{d}x$$
$$= \int_E f^+ \mathrm{d}x - \int_E f^- \mathrm{d}x + \int_E g^+ \mathrm{d}x - \int_E g^- \mathrm{d}x$$

即
$$\int_E [f+g] \mathrm{d}x = \int_E f \mathrm{d}x + \int_E g \mathrm{d}x$$

对$f-g$情形，利用$f-g = f+(-g)$并结合定理 3.1.1 即得证明.

证毕.

注 3.1.5 对非负函数而言，只需可测就足以保证式(2)成立.

推论 3.1.1 设$f(x)$，$g(x)$在E上可积，则对$\forall \alpha$、$\beta \in \mathbf{R}, \alpha f(x) \pm \beta g(x)$也在$E$上可积，且

$$\int_E [\alpha f \pm \beta g] \mathrm{d}x = \alpha \int_E f \mathrm{d}x \pm \beta \int_E g \mathrm{d}x \tag{3}$$

定理 3.1.3 1) 设$f(x)$在E上可积，则f在E的任意一个可测子集E_1上可积.

2)（有限可加性）若$f(x)$在E_1、E_2上均可积，其中E_1、E_2为E的互不相交的可测子集，且$E = E_1 \cup E_2$，则$f(x)$在E上可积，且

$$\int_E f \mathrm{d}x = \int_{E_1} f \mathrm{d}x + \int_{E_2} f \mathrm{d}x \tag{4}$$

证明 1) 因为
$$G_{(f^+, E)} = \{(x, y) \mid x \in E, 0 \leqslant y < f^+(x)\}$$
$$= \{(x, y) \mid x \in E_1, 0 \leqslant y < f^+(x)\} \cup \{(x, y) \mid, x \in E-E_1, 0 \leqslant y < f^+(x)\}$$
$$= G_{(f^+, E_1)} \cup G_{(f^+, E-E_1)}$$

显然
$$\int_{E_1} f^+ dx = mG_{(f^+, E_1)} \leqslant mG_{(f^+, E)} = \int_E f^+ dx < +\infty$$
$$\int_{E_1} f^- dx = mG_{(f^-, E_1)} \leqslant mG_{(f^-, E)} = \int_E f^- dx < +\infty$$

故 $f(x)$ 在 E_1 上可积.

2) 若 $f(x)$ 在 E_1, E_2 上均可积，则令
$$f_1(x) = \begin{cases} f(x) & x \in E_1 \\ 0 & x \in E_2 \end{cases}, \quad f_2(x) = \begin{cases} 0 & x \in E_1 \\ f(x) & x \in E_2 \end{cases}$$

显然，$G_{(f_1^\pm, E)} = G_{(f_1^\pm, E_1)} \cup G_{(f_1^\pm, E_2)} = G_{(f_1^\pm, E_1)} \cup G_{(0, E_2)} = G_{(f_1^\pm, E_1)}$，所以 $\int_E f_1(x) dx = \int_{E_1} f dx$，即 f_1 均在 E 上可积，同理 f_2 均在 E 上可积，由定理3.1.2 知
$$\int_E [f_1 + f_2] dx = \int_E f_1 dx + \int_E f_2 dx$$

即
$$\int_E f dx = \int_{E_1} f dx + \int_{E_2} f dx$$

证毕.

定理3.1.4 1) 若 $mE = 0$，则在 E 上定义的任意函数 f 皆可积，且 $\int_E f dx = 0$；

2) 设 $f(x) = g(x)$ a.e 于 E，若 $f(x)$ 在 E 上可积，则 $g(x)$ 在 E 上可积，且
$$\int_E f dx = \int_E g dx \tag{5}$$

3) （单调性）若 $f(x)$, $g(x)$ 在 E 上可积，且 $f(x) \leqslant g(x)$ a.e 于 E，则
$$\int_E f dx \leqslant \int_E g dx \tag{6}$$

特别地，若 $l \leqslant f \leqslant M$, $mE < +\infty$，则 $lmE \leqslant \int_E f dx \leqslant MmE$；

4) （绝对可积性）设 $f(x)$ 在 E 上可积，则 $|f(x)|$ 在 E 上可积，且
$$\left| \int_E f dx \right| \leqslant \int_E |f| dx \tag{7}$$

证明 1) 若 $mE=0$，当 $f(x)$ 在 E 上非负时，则由第二章推论 2.4.2 知：$f(x)$ 在 E 上可测．存在简单函数满足：$0 \leqslant \varphi_n(x) \leqslant \varphi_{n+1}(x)$，$\varphi_n(x) \to f(x)(n \to +\infty)$，而 $\forall n$ 有

$$\int_E \varphi_n \mathrm{d}x = 0$$

故 f 在 E 上可积且 $\int_E f \mathrm{d}x = 0$．

当 $f(x)$ 为 E 上的一般函数时，$f = f^+ - f^-$，则 f^+、f^- 非负可测，从而在 E 上可积，且

$$\int_E f^+ \mathrm{d}x = \int_E f^- \mathrm{d}x = 0$$

于是 f 在 E 上可积，即 $\int_E f \mathrm{d}x = \int_E f^+ \mathrm{d}x - \int_E f^- \mathrm{d}x = 0$．

2) 不妨设 $f(x)$ 在 E 上可积，则 $f(x)$ 在 $E_1 = E[f=g]$，$E_2 = E[f \neq g]$ 上均可积，g 在 $E[f=g]$ 上可积．又 $m^* E[f \neq g] = 0$，故 $g(x)$ 在 $E_2 = E[f \neq g]$ 上可积，从而 g 在 $E = E_1 \bigcup E_2$ 上可积．且

$$\int_E f \mathrm{d}x = \int_{E_1} f \mathrm{d}x + \int_{E_2} f \mathrm{d}x$$
$$= \int_{E_1} g \mathrm{d}x + 0$$
$$= \int_{E_1} g \mathrm{d}x + \int_{E_2} g \mathrm{d}x$$
$$= \int_E g \mathrm{d}x$$

（正是由于此结论，有关积分的命题，遇到几乎处处成立的条件时，都不妨当成处处成立来证明）．

3) 因为 $g(x) = f(x) + [g(x) - f(x)]$，由定理 3.1.2 及 $\int_E (g-f) \mathrm{d}x \geqslant 0$ 知

$$\int_E g \mathrm{d}x = \int_E f \mathrm{d}x + \int_E (g-f) \mathrm{d}x \geqslant \int_E f \mathrm{d}x$$

4) 因为 $|f(x)| = f^+ + f^-$，所以 $|f(x)|$ 可积．又因为

$$-|f(x)| \leqslant f(x) \leqslant |f(x)|$$

故

$$-\int_E |f| \mathrm{d}x \leqslant \int_E f \mathrm{d}x \leqslant \int_E |f| \mathrm{d}x$$

即 $\left| \int_E f \mathrm{d}x \right| \leqslant \int_E |f| \mathrm{d}x$．

证毕.

注 3.1.6 绝对可积性对 Riemann 广义积分是不成立的. 正因为如此, 才有条件 Riemann 广义可积与绝对 Riemann 广义可积两概念之分.

定理 3.1.5(积分唯一性) 若 f 在 E 上非负可测, 且 $\int_E f \mathrm{d}x = 0$, 则 $f = 0$ a.e 于 E.

证明 因为对 $\forall n \geqslant 1$ 有 $0 = \int_E f \mathrm{d}x \geqslant \int_{E[f \geqslant \frac{1}{n}]} f \mathrm{d}x \geqslant \frac{1}{n} mE\left[f \geqslant \frac{1}{n}\right] \geqslant 0$, 故 $mE\left[f \geqslant \frac{1}{n}\right] = 0$, 而

$$E[f > 0] = \bigcup_{n=1}^{\infty} E\left[f \geqslant \frac{1}{n}\right]$$

故 $mE[f > 0] = 0$, 于是 $f = 0$ a.e 于 E.

证毕.

定理 3.1.6 若 $f(x)$ 在 E 上可积, 则 f 在 E 上几乎处处有限.

证明 因为 $\int_E |f| \mathrm{d}x \geqslant \int_{E[f \geqslant n]} f \mathrm{d}x \geqslant n mE[|f| \geqslant n]$, 所以

$$0 \leqslant mE[|f| \geqslant n] \leqslant \frac{\int_E |f| \mathrm{d}x}{n} \to 0 \quad (n \to \infty)$$

而

$$E[f = +\infty] = \bigcap_{n=1}^{\infty} E[|f| \geqslant n]$$

由内极限定理知: $mE[|f| = +\infty] = \lim_{n \to \infty} mE[|f| \geqslant n] = 0$, 即 f 在 E 上几乎处处有限.

证毕.

定理 3.1.7(积分绝对连续性) 若 $f(x)$ 在 E 上可积, 则对 $\forall \varepsilon > 0$, $\exists \delta > 0$, 当可测集 $A \subset E$, 且 $mA < \delta$ 时, 有 $\left|\int_A f \mathrm{d}x\right| < \varepsilon$.

证明 1) 若 $f(x)$ 为 E 上的简单函数, 则令 $M = \max\{|c_i| | i = 1, 2, \cdots, n\}$, 对 $\forall \varepsilon > 0$, $\exists \delta = \frac{\varepsilon}{M}$, 当 $A \subset E$, 且 $mA < \delta$ 时, 有

$$\left|\int_A f \mathrm{d}x\right| \leqslant \int_A |f| \mathrm{d}x < M \times \frac{\varepsilon}{M} < \varepsilon$$

2) 若 $f(x)$ 为 E 上的一般可积函数, 则 $|f(x)|$ 为 E 上的非负可积函数, 存在非负简单函数列 $\{\varphi_n(x)\}$ 满足

$$0 \leqslant \varphi_n(x) \leqslant \varphi_{n+1}(x), \varphi_n(x) \to |f(x)| \quad (n \to +\infty)$$

对 $\forall \varepsilon > 0, \exists N_0$,

$$\int_E |f| \, dx - \int_E \varphi_{N_0} \, dx < \frac{\varepsilon}{2}$$

对 φ_{N_0}, $\exists M > 0$, $|\varphi_{N_0}| \leqslant M$. 令 $\delta = \frac{\varepsilon}{2M} > 0$, 当 $A \subset E$, 且 $mA < \delta$ 时, 有

$$\left| \int_A f \, dx \right| \leqslant \int_A |f| \, dx = \int_A [|f| - \varphi_{N_0}] \, dx + \int_A \varphi_{N_0} \, dx$$
$$\leqslant \int_E [|f| - \varphi_{N_0}] \, dx + \int_A \varphi_{N_0} \, dx$$
$$< \frac{\varepsilon}{2} + M \times \frac{\varepsilon}{2M} = \varepsilon$$

证毕.

推论 3.1.2 若 $f(x)$ 在 E 上可积, 则

1) $\int_{E[|f| \geqslant n]} |f| \, dx \to 0$; 2) $nmE[|f| \geqslant n] \to 0$.

证明 1) 由定理 3.1.6 的证明过程知

$$mE[|f| = +\infty] = \lim_{n \to \infty} mE[|f| \geqslant n] = 0$$

由积分绝对连续性, 得

$$\int_{E[|f| \geqslant n]} |f| \, dx \to 0$$

2) 由积分单调性知

$$0 \leqslant nmE[|f| \geqslant n] \leqslant \int_{E[|f| \geqslant n]} |f| \, dx \to 0$$

故 $nmE[|f| \geqslant n] \to 0$.

第二节 Lebesgue 积分的极限定理

Riemann 积分与极限交换顺序的"一致收敛"条件相当苛刻, 欲去掉这个条件并不是一件容易的事.

$$D(x) = \sum_{i=1}^{\infty} f_i(x) = \lim_{n \to \infty} \sum_{i=1}^{n} f_i(x) = \lim_{n \to \infty} F_n(x)$$

其中 $f_i(x) = \begin{cases} 1 & x = r_i \\ 0 & x \neq r_i \end{cases}$, $i = 1, 2, 3, \cdots, n, \cdots$, 且 $F_n(x) = \sum_{i=1}^{n} f_i(x)$. 这里 $\{r_1, r_2, \cdots, r_n, \cdots\}$ 为 $[0, 1]$ 中有理数全体. $f_i(x)$、$F_n(x)$ 都是逐段连续

函数，从而是 Riemann 可积函数；但其极限、无穷和 $D(x)$ 处处间断，根据 Riemann 可积定义可知其不再是 Riemann 可积函数. 经 Lebesgue 改造后的积分定义，非负可测函数始终存在积分值，而非负可测函数的极限函数仍然是非负可测函数. 因此，没有必要担心极限函数积分值的存在性，关键在于证明等式或不等式成立，从而获得了渐升非负函数 Levi 定理、非负函数 Fatou 引理、Lebesgue 非负函数逐项积分定理、Lebesgue 非负函数逐块积分定理等一系列积分极限定理，大大提高了 Lebesgue 积分的灵活性. 对一般可测函数而言，则获得了 Lebesgue 控制收敛定理.

定理 3.2.1(Levi 定理) 若 $\{\varphi_n(x)\}$ 为 E 上的非负可测函数列，且满足 $\varphi_n(x) \leqslant \varphi_{n+1}(x)$, $\varphi_n(x) \to f(x)(n \to +\infty)$，则

$$\int_E f \mathrm{d}x = \lim_{n\to\infty} \int_E \varphi_n \mathrm{d}x$$

证明 $G_{(f,E)} = \{(x,y) \mid 0 \leqslant y < f(x)\}$, $G_{(\varphi_n,E)} = \{(x,y) \mid 0 \leqslant y < \varphi_n\}$, 然而 $G_{(\varphi_n,E)} \subset G_{(\varphi_{n+1},E)}$, 且 $G_{(f,E)} = \bigcup_{n=1}^{\infty} G_{(\varphi_n,E)}$, 由外极限定理知

$$\int_E f \mathrm{d}x = mG_{(f,E)} = \lim_{n\to\infty} mG_{(\varphi_n,E)} = \lim_{n\to\infty} \int_E \varphi_n \mathrm{d}x$$

证毕.

定理 3.2.2(Fatou 引理) 若 $\{\varphi_n(x)\}$ 为 E 上的非负可测函数列，则 $\int_E \varliminf_{n\to\infty} \varphi_n \mathrm{d}x \leqslant \varliminf_{n\to\infty} \int_E \varphi_n \mathrm{d}x$.

证明 因为 $\varliminf_{n\to\infty} \varphi_n(x) = \sup_{N\geqslant 1} \inf_{n\geqslant N} \varphi_n(x)$, 令 $\psi_N(x) = \inf_{n\geqslant N} \varphi_n(x)$, 则 $\psi_N(x) \leqslant \psi_{N+1}(x)$, $\varliminf_{n\to\infty} \varphi_n(x) = \lim_{N\to\infty} \psi_N(x)$, 于是

$$\int_E \varliminf_{n\to\infty} \varphi_n(x) \mathrm{d}x = \int_E \lim_{N\to\infty} \psi_N(x) \mathrm{d}x = \lim_{N\to\infty} \int_E \psi_N \mathrm{d}x$$

$$= \varliminf_{N\to\infty} \int_E \psi_N \mathrm{d}x \leqslant \varliminf_{n\to\infty} \int_E \varphi_n \mathrm{d}x$$

证毕.

注 3.2.1 等号并非始终成立，确有出现"$<$"的可能.

例 3.2.1 $\varphi_n(x) = \begin{cases} n & \text{当 } x \in \left[0, \dfrac{1}{n}\right] \\ 0 & \text{当 } x \in \left(\dfrac{1}{n}, +\infty\right) \end{cases}$ 满足

$$\varphi_n(x) \to \varphi(x) \equiv 0 (n \to +\infty)$$

$$\int_{[0,+\infty)} \varliminf_{n\to\infty} \varphi_n \mathrm{d}x = 0 < \varliminf_{n\to\infty} \int_{[0,+\infty)} \varphi_n \mathrm{d}x = 1$$

定理 3.2.3(Lebesgue 逐项积分定理)　若 $\{f_n(x)\}$ 为 E 上的非负可测函数列，则

$$\int_E \sum_{n=1}^{\infty} f_n \mathrm{d}x = \sum_{n=1}^{\infty} \int_E f_n \mathrm{d}x$$

证明　令 $\varphi_N = \sum_{n=1}^{N} f_n$，$f = \sum_{n=1}^{\infty} f_n$，则 $\varphi(x)$ 为可测集 E 上的非负可测函数列，且满足

$$\varphi_N(x) \leqslant \varphi_{N+1}(x), \quad \varphi_N(x) \to f(x) \quad (N \to +\infty)$$

从而由 Levi 定理知

$$\int_E f \mathrm{d}x = \lim_{N\to\infty} \int_E \varphi_N \mathrm{d}x = \lim_{N\to\infty} \sum_{n=1}^{N} \int_E f_n \mathrm{d}x = \sum_{n=1}^{\infty} \int_E f_n \mathrm{d}x$$

证毕.

定理 3.2.4(Lebesgue 逐块积分定理)　设 $f(x)$ 在 E 上有积分值，若 $E = \bigcup_{n=1}^{\infty} E_n$，且 E_n 互不相交，则 f 在每一个 E_n 上有积分值，且

$$\int_E f \mathrm{d}x = \sum_{n=1}^{\infty} \int_{E_n} f \mathrm{d}x$$

证明　1) 若 $f(x)$ 为 E 上的非负可测函数，令

$$f_n(x) = \begin{cases} f(x) & \text{当 } x \in E_n \\ 0 & \text{当 } x \notin E_1 - E_n \end{cases}$$

则 f_n 在 E_n 上有积分值，由定理 3.2.3 知

$$\int_E f \mathrm{d}x = \int_E \sum_{n=1}^{\infty} f_n \mathrm{d}x = \sum_{n=1}^{\infty} \int_{E_n} f \mathrm{d}x$$

2) 若 $f(x)$ 为 E 上的一般可测函数，则 $f = f^+ - f^-$，$\int_E f^+ \mathrm{d}x = \sum_{n=1}^{\infty} \int_{E_n} f^+ \mathrm{d}x$ 与 $\int_E f^- \mathrm{d}x = \sum_{n=1}^{\infty} \int_{E_n} f^- \mathrm{d}x$ 至少有一个有限，即

$$\int_E f \mathrm{d}x = \int_E f^+ \mathrm{d}x - \int_E f^- \mathrm{d}x$$
$$= \sum_{n=1}^{\infty} \int_{E_n} f^+ \mathrm{d}x - \sum_{n=1}^{\infty} \int_{E_n} f^- \mathrm{d}x = \sum_{n=1}^{\infty} \int_{E_n} f \mathrm{d}x$$

证毕.

定理 3.2.5(Lebesgue 控制收敛定理)　若 $\{f_n(x)\}$ 为 E 上的可测函数列，$\exists E$ 上可积函数 $F(x)$ 满足：

1) $|f_n(x)| \leqslant F(x)$；

2) $f_n(x) \to f(x)$ a.e 于 E；

则 f 在 E 上可积，且 $\int_E f \mathrm{d}x = \lim_{n\to\infty} \int_E f_n \mathrm{d}x$.

证明 $F(x) + f_n(x) \geqslant 0$ 且在 E 上可测，则由定理 3.2.2 知

$$\int_E \varliminf_{n\to\infty}(F+f_n)\mathrm{d}x \leqslant \varliminf_{n\to\infty}\int_E (F+f_n)\mathrm{d}x$$

$$\int_E F\mathrm{d}x + \int_E \varliminf_{n\to\infty} f_n \mathrm{d}x \leqslant \int_E F\mathrm{d}x + \varliminf_{n\to\infty}\int_E f_n \mathrm{d}x$$

即 $\int_E \varliminf_{n\to\infty} f_n \mathrm{d}x \leqslant \varliminf_{n\to\infty}\int_E f_n \mathrm{d}x$.

同理，$F(x) - f_n(x) \geqslant 0$ 且在 E 上可测，则由定理 3.2.2 知

$$\int_E \varliminf_{n\to\infty}(F-f_n)\mathrm{d}x \leqslant \varliminf_{n\to\infty}\int_E (F-f_n)\mathrm{d}x$$

$$\int_E F\mathrm{d}x - \int_E \varlimsup_{n\to\infty} f_n \mathrm{d}x \leqslant \int_E F\mathrm{d}x - \varlimsup_{n\to\infty}\int_E f_n \mathrm{d}x$$

即

$$\int_E \varlimsup_{n\to\infty} f_n \mathrm{d}x \geqslant \varlimsup_{n\to\infty}\int_E f_n \mathrm{d}x$$

$$\int_E \varliminf_{n\to\infty} f_n \mathrm{d}x \leqslant \varliminf_{n\to\infty}\int_E f_n \mathrm{d}x \leqslant \varlimsup_{n\to\infty}\int_E f_n \mathrm{d}x \leqslant \int_E \varlimsup_{n\to\infty} f_n \mathrm{d}x$$

而 $f_n(x) \to f(x)$ a.e 于 E，故 $\int_E f \mathrm{d}x = \lim_{n\to\infty} \int_E f_n \mathrm{d}x$.

证毕.

推论 3.2.1（Lebesgue 有界控制收敛定理） 若 $mE < +\infty$，$\{f_n(x)\}$ 为 E 上的可测函数列，且 $\exists M > 0$ 满足：

1) $|f_n(x)| \leqslant M$；
2) $f_n(x) \to f(x)$ a.e 于 E；

则 f 在 E 上可积，且 $\int_E f \mathrm{d}x = \lim_{n\to\infty} \int_E f_n \mathrm{d}x$.

证明 令 $F(x) = M$，则 $F(x)$ 在 E 上可积，由定理 3.2.5 即得所证结论.

证毕.

推论 3.2.2 分别将定理 3.2.5 和推论 3.2.1 中条件"$f_n(x) \to f(x)$ a.e 于 E"改为"$f_n(x) \Rightarrow f(x)$ 于 E"后结论仍然成立.

证明 因为 $f_n(x) \Rightarrow f(x)$ 于 E，由 Riesze 定理知：对任意 $f_{n_i}(x)$，存在 $f_{n_{i_j}}(x)$ $\to f(x)$ a.e 于 E，由推论 3.2.1 知 $\int_E f \mathrm{d}x = \lim_{n_{i_j}\to\infty} \int_E f_{n_{i_j}} \mathrm{d}x$，即对数列 $\int_E f_n \mathrm{d}x$ 的任一子

列 $\int_E f_{n_i} dx$，∃该子列的子列 $\int_E f_{n_{i_j}} dx \to \int_E f dx$，由海涅极限定理知

$$\int_E f dx = \lim_{n\to\infty} \int_E f_n dx$$

证毕.

推论 3.2.3 若 $\{\varphi_n(x)\}$ 为 E 上的非负可测函数列，其中至少有一个 $\varphi_{n_0}(x)$ 在 E 上可积，且满足

$$\varphi_n(x) \geqslant \varphi_{n+1}(x), \quad \varphi_n(x) \to f(x) \quad (n\to +\infty)$$

则 f 在 E 上可积，且 $\int_E f dx = \lim_{n\to\infty} \int_E \varphi_n dx$.

证法一 令控制函数 $F(x) = \varphi_{n_0}(x)$，由定理 3.2.5 即得结果.

证法二 仿 Levi 定理证明，在 $mG(\varphi_{n_0}, E) < +\infty$ 条件下用内极限定理即可.

注 3.2.2 推论 3.2.3 中条件"至少有一个 $\varphi_{n_0}(x)$ 在 E 上可积"不可少.

例 3.2.2 $\varphi_n(x) = \begin{cases} 0 & x \in [0, n] \\ 1 & x \in (n, +\infty) \end{cases}$ 满足

$$\varphi_n(x) \geqslant \varphi_{n+1}(x), \quad \varphi_n(x) \to f(x) \equiv 0 \quad (n\to +\infty)$$

但 $\int_E f dx = 0 \neq \lim_{n\to\infty} \int_E \varphi_n dx = +\infty$.

定理 3.2.6（积分号下求导定理） $f(x, t)$ 是定义在 $[a, b] \times [c, d]$ 上的可测函数，在 $[a, b]$ 上关于 x 可积，在 $[c, d]$ 上关于 t 处处可微，且 ∃ $[a, b]$ 上的可积函数 $F(x)$ 满足

$$|f'_t(x, t)| \leqslant F(x) \quad (\forall t \in [c, d])$$

则

$$\frac{d}{dt}\int_{[a, b]} f(x, t) dx = \int_{[a, b]} f'_t(x, t) dx$$

证明
$$\frac{d}{dt}\int_{[a, b]} f dx = \lim_{\Delta t \to 0} \frac{\int_{[a, b]} f(x, t+\Delta t) dx - \int_{[a, b]} f(x, t) dx}{\Delta t}$$
$$= \lim_{\Delta t \to 0} \int_{[a, b]} \frac{f(x, t+\Delta t) - f(x, t)}{\Delta t} dx$$
$$= \lim_{n\to\infty} \int_{[a, b]} \frac{f(x, t+a_n) - f(x, t)}{a_n} dx \quad (a_n \to 0, n \to \infty)$$

由微分中值定理知：∃ $0 \leqslant \theta_n \leqslant 1$ 满足 $\dfrac{f(x, t+a_n) - f(x, t)}{a_n} = f'_t(x, t+\theta_n a_n)$,

令 $f_n(x, t) = \dfrac{f(x, t+a_n) - f(x, t)}{a_n}$，则 $|f_n(x, t)| \leqslant F(x)$.

由控制收敛定理知

$$\lim_{n\to\infty}\int_{[a, b]} \frac{f(x, t+a_n) - f(x, t)}{a_n} dx = \int_{[a, b]} \lim_{n\to\infty} \frac{f(x, t+a_n) - f(x, t)}{a_n} dx$$

即

$$\frac{d}{dt}\int_{[a, b]} f(x, t)dx = \int_{[a, b]} f'_t(x, t)dx.$$

证毕.

细心的读者不难发现，本节所有的积分极限定理都可以看成是 Levi 定理的推论．其中的收敛不再苛刻要求"一致"，放宽到或"依测度"或"近一致"或"几乎处处"收敛都能同样保证结论成立.

第三节 Lebesgue 积分的计算技巧

前面的 Lebesgue 积分定义已经给出了计算积分的具体步骤，然而对大部分积分而言，沿着此步骤非常烦琐，在此我们介绍一些有用的工具和技巧.

例 3.3.1 设 Riemann 函数为

$$R(x) = \begin{cases} \dfrac{1}{m} & x \in [0, 1], \ x = \dfrac{n}{m} \ \text{且} \ (n, m) = 1 \\ 0 & x \ \text{为}[0, 1]\text{中无理数} \end{cases}$$

求 $\int_{[0, 1]} R(x)dx$.

解 因为 $R(x) = 0$ a.e 于 $[0, 1]$，于是 Riemann 函数 Lebesgue 可积，且 $\int_{[0, 1]} R(x)dx = \int_{[0, 1]} 0 dx = 0.$

证毕.

由此可见，利用几乎处处相等有可能将难于根据定义着手的函数积分转换成非常容易求积分值的函数积分，而数学分析已经证明 Riemann 函数的 Riemann 积分值也是 0.

如果我们能揭示 Lebesgue 积分与 Riemann 积分之间内在联系，再借助"几乎处处相等"这一工具，求 Lebesgue 积分值就得心应手了.

下述定理揭示了他们之间的联系.

定理 3.3.1 设 $f(x)$ 在 $[a, b]$ 上 (R) 可积，则 $f(x)$ 在 $[a, b]$ 上 (L) 可积，且

$$(L)\int_{[a,b]} f\mathrm{d}x = (R)\int_a^b f\mathrm{d}x$$

证明 记 $E = [a, b]$,由 $f(x)$ 在 E 上 (R) 可积知:$\exists$ 实数 M_1、M_2 使得 $M_1 \leqslant f(x) \leqslant M_2$,相应于每个自然数 n,将 $[a, b]$ 分成 2^n 等份,得到分划

$$T_n: a = x_0^{(n)} < x_1^{(n)} < x_2^{(n)} < \cdots < x_{2^n}^{(n)} = b$$

$$\|T_n\| = \max_{1 \leqslant i \leqslant 2^n}[x_i - x_{i-1}] \to 0 \quad (n \to \infty)$$

作相应的简单函数

$$g_n(x) = \begin{cases} f(a) & x = a \\ m_i^{(n)} & x \in (x_{i-1}^{(n)}, x_i^{(n)}] \end{cases} \quad i = 1, 2, \cdots, 2^n$$

$$h_n(x) = \begin{cases} f(a) & x = a \\ M_i^{(n)} & x \in (x_{i-1}^{(n)}, x_i^{(n)}] \end{cases} \quad i = 1, 2, \cdots, 2^n$$

其中

$$m_i^{(n)} = \inf\{f(x) \mid x \in (x_{i-1}^{(n)}, x_i^{(n)}]\}$$

$$M_i^{(n)} = \sup\{f(x) \mid x \in (x_{i-1}^{(n)}, x_i^{(n)}]\}, \quad i = 1, 2, \cdots, 2^n$$

则在分划 T_n 下的 Darboux 小和、大和分别为

$$s(f, T_n) = \sum_{i=1}^{2^n} m_i^{(n)}[x_i^{(n)} - x_{i-1}^{(n)}] = \int_E g_n \mathrm{d}x$$

$$S(f, T_n) = \sum_{i=1}^{2^n} M_i^{(n)}[x_i^{(n)} - x_{i-1}^{(n)}] = \int_E h_n \mathrm{d}x$$

显然,$g_n \leqslant g_{n+1} \leqslant \cdots \leqslant f(x) \leqslant \cdots \leqslant h_{n+1} \leqslant h_n$,令

$$g(x) = \lim_{n \to \infty} g_n(x), \quad h(x) = \lim_{n \to \infty} h_n(x)$$

则 $g(x) \leqslant f(x) \leqslant h(x)$,且

$$s(f, T_n) = \int_E g_n \mathrm{d}x \leqslant (R)\int_a^b f\mathrm{d}x \leqslant \int_E h_n \mathrm{d}x = S(f, T_n)$$

于是

$$0 \leqslant (L)\int_{[a,b]}[h - g]\mathrm{d}x \leqslant (L)\int_a^b [h_n - g_n]\mathrm{d}x$$

$$= S(f, T_n) - s(f, T_n) \to 0 \quad (n \to \infty)$$

由定理 3.1.5 知:$h(x) = g(x)$ a.e 于 $[a, b]$,从而 $f(x) = g(x)$ a.e 于 $[a, b]$,故 $f(x)$ 在 $[a, b]$ 上有界可测. 从而 $f(x)$ 在 $[a, b]$ 上有界可积,且

$$(L)\int_{[a,b]} f\mathrm{d}x = (L)\int_{[a,b]} g\mathrm{d}x = \lim_{n \to \infty}(L)\int_{[a,b]} g_n \mathrm{d}x$$

$$= \lim_{n \to \infty} s(f, T_n) = (R)\int_a^b f\mathrm{d}x$$

证毕.

例 3.3.2 设 $f(x) = \begin{cases} \sin x & x \text{ 为}[0, 1] \text{ 中无理数} \\ \arctan x^2 & x \text{ 为}[0, 1] \text{ 中有理数} \end{cases}$,求 $\int_{[0, 1]} f \mathrm{d}x$.

解 因为 $f(x) = \sin x$ a.e 于 $[0, 1]$,则

$$\int_{[0, 1]} f \mathrm{d}x = \int_{[0, 1]} \sin x \, \mathrm{d}x = -[\cos 1 - \cos 0] = 1 - \cos 1$$

定理 3.3.2 设 $f(x)$ 在 $[a, +\infty)$ 上定义的函数,当 $t \in (a, +\infty)$ 时,$f(x)$ 在 $[a, t]$ 上 (R) 可积,则 $f(x)$ 在 $[a, +\infty)$ 上 (L) 可积 $\Leftrightarrow |f(x)|$ 在 $[a, +\infty)$ 上广义 (R) 可积,且

$$(L)\int_{[a, +\infty)} f \mathrm{d}x = (R)\int_{[a, +\infty)} f \mathrm{d}x$$

证明 1) 若 $f(x)$ 为 $[a, +\infty)$ 上的非负函数,令

$$f_n(x) = \begin{cases} f(x) & x \in E_n = [a, a+n] \\ 0 & x \in [a, +\infty) - E_n \end{cases}$$

则由 Levi 定理知

$$(L)\int_{[a, +\infty)} f \mathrm{d}x = \lim_{n \to \infty} (L)\int_{[a, +\infty)} f_n \mathrm{d}x$$

$$= \lim_{n \to \infty} (R)\int_{[a, a+n]} f_n \mathrm{d}x = (R)\int_{[a, +\infty)} f \mathrm{d}x$$

从而 $f(x)$ 在 $[a, +\infty)$ 上 (L) 可积 $\Leftrightarrow f(x)$ 在 $[a, +\infty)$ 上广义 (R) 可积.

2) 若 $f(x)$ 在 $[a, +\infty)$ 上的一般函数,因为当 $t \in [a, +\infty)$ 时,$f(x)$ 在 $[a, t]$ 上 (R) 可积,$f(x)$ 在 $[a, t]$ 上可测,即 $f(x)$ 在 $[a, +\infty) = \bigcup_{n=1}^{\infty} [a, a+n]$ 上可测,而 $f(x)$ 在 $[a, +\infty)$ 上 (L) 可积 $\Leftrightarrow |f(x)|$ 在 $[a+\infty)$ 上 (L) 可积,又由 1) 知 $|f(x)|$ 在 $[a, +\infty)$ 上 (L) 可积 $\Leftrightarrow |f(x)|$ 在 $[a+\infty)$ 上广义 (R) 可积,而 $|f_n(x)| \leqslant |f(x)|$,由控制收敛定理知

$$(L)\int_{[a, +\infty)} f \mathrm{d}x = \lim_{n \to \infty} (L)\int_{[a, +\infty)} f_n \mathrm{d}x$$

$$= \lim_{n \to \infty} (R)\int_{[a, a+n]} f \mathrm{d}x$$

$$= (R)\int_{[a, +\infty)} f \mathrm{d}x$$

证毕.

对于瑕积分,同理可证下述类似结果.

定理 3.3.3 设 $f(x)$ 在 $[a, b)$ 上定义的函数,b 为 f 的瑕点,当 $t \in (a, b)$

时, $f(x)$ 在 $[a, t]$ 上 (R) 可积, 则 $f(x)$ 在 $[a, b]$ 上 (L) 可积 $\Leftrightarrow |f(x)|$ 在 $[a, b]$ 上 (R) 瑕积分有限, 且

$$(L)\int_{[a, b]} f \mathrm{d}x = (R)\int_{[a, b]} f \mathrm{d}x$$

例 3.3.3 设 $f(x) = \begin{cases} \dfrac{1}{\sqrt{x}} & x \text{ 为 } (0, 1] \text{ 中无理数} \\ \dfrac{1}{x^2} & x \text{ 为 } (1, +\infty) \text{ 中无理数} \\ \arctan x^2 & x \text{ 为 } (0, 1] \text{ 中有理数} \\ \sin[e^x \ln(1+x^2)] & x \text{ 为 } (1, +\infty) \text{ 中有理数} \end{cases}$

求 $\int_{(0, +\infty)} f(x) \mathrm{d}x$.

解 设 $g(x) = \begin{cases} \dfrac{1}{\sqrt{x}} & x \in (0, 1] \\ \dfrac{1}{x^2} & x \in (1, +\infty) \end{cases}$, 则 $f(x) = g(x)$ a.e 于 $(0, +\infty)$,

所以

$$\int_{(0, +\infty)} f(x) \mathrm{d}x = \int_{(0, +\infty)} g(x) \mathrm{d}x = \lim_{n \to \infty} \left[\int_{\frac{1}{n}}^{1} \frac{1}{\sqrt{x}} \mathrm{d}x + \int_{1}^{n} \frac{1}{x^2} \mathrm{d}x\right] = 3$$

由此可见, 利用几乎处处相等将 Lebesgue 积分转化成 Riemann 积分或 Riemann 广义积分的确是行之有效的重要方法.

对有界闭区间 $[a, b]$ 上的有界函数而言, "连续或逐段连续"足以保证 Riemann 可积, 然而"连续或逐段连续"不是 Riemann 可积的必要条件. 因为数学分析已经证明 Riemann 函数

$$R(x) = \begin{cases} \dfrac{1}{m} & x \in [0, 1], x = \dfrac{n}{m} \text{ 且 } (n, m) = 1 \\ 0 & x \text{ 为 } [0, 1] \text{ 中无理数} \end{cases}$$

在每个有理数点处都间断, 从而不逐段连续, 但仍然 Riemann 可积. Riemann 可积的充分必要条件究竟是什么呢? 在数学分析范围内无法回答, 而下述定理给予了准确回答.

定理 3.3.4 $f(x)$ 在 $[a, b]$ 上 (R) 可积 $\Leftrightarrow f(x)$ 在 $[a, b]$ 上几乎处处连续且有界.

证明 此处凡未加声明的记号均与定理 3.3.1 证明过程中相应记号意义相同.

"$\Rightarrow$", 由定理 3.3.1 知: 令 $E = [a, b]$, $mE[h \neq g] = 0$, 记 T_n 的分点全体为 E_n, 则 $mE_n = 0$. $\forall x \in E - E[h \neq g] - \bigcup_{n=1}^{\infty} E_n$, $\forall \varepsilon > 0$, $\exists n$, $|h_n(x) - g_n(x)| <$

ε（其中 h_n，g_n 与定理 3.3.1 的定义方法完全相同），则 $\exists i_0$，$x \in (x_{i_0-1}^{(n)}, x_{i_0}^{(n)})$. 令 $\delta = \min(x - x_{i_0-1}^{(n)}, x_{i_0}^{(n)} - x)$，当 $|x - x'| < \delta$ 时，得
$$|f(x) - f(x')| \leqslant |h_n(x) - g_n(x)| < \varepsilon$$
故 f 在 x 处连续，从而 $f(x)$ 在 $[a, b]$ 上几乎处处连续.

"$\Leftarrow$" 令 $E_0 = \{x \mid x \in [a, b]$，且 f 在 x 处间断$\}$，则 $mE_0 = 0$. 对 $\forall$ 满足 $\|T_n\| \to 0$ 的 T_n，仍记 E_n 为 T_n 的分点全体. 对 $\forall x \in E - \bigcup_{n=0}^{\infty} E_n$，$\forall \varepsilon > 0$，$\exists \delta > 0$，当 $|x - x'| < \delta$ 时，$|f(x) - f(x')| < \varepsilon$，对此 $\delta > 0$，$\exists N$，$\|T_N\| < \delta$，存在 i_0，$x \in (x_{i_0-1}^{(N)}, x_{i_0}^{(N)}]$，所以对 $\forall x' \in (x_{i_0-1}^{(N)}, x_{i_0}^{(N)}]$ 有 $|f(x) - f(x')| < \varepsilon$，即 $|h_N(x) - g_N(x)| \leqslant \varepsilon$. 当 $n > N$ 时，更有 $|h_n(x) - g_n(x)| \leqslant \varepsilon$，则 $h(x) = f(x) = g(x)$，即 $h = f = g$ a.e 于 E，由有界控制收敛定理知

$$\lim_{n \to \infty} s(f, T_n) = \lim_{n \to \infty}(L)\int_E g_n dx = (L)\int_E g dx$$
$$= (L)\int_E h dx = \lim_{n \to \infty}(L)\int_E h_n dx = \lim_{n \to \infty} S(f, T_n)$$

故 $f(x)$ 在 $[a, b]$ 上 (R) 可积.

证毕.

在此我们欣慰地看到：人们成功地应用 Lebesgue 测度与积分这块"他山之石"，攻克了 Riemann 积分本身无法攻克的"函数 Riemann 可积的本质特征是什么"这块"玉".

除了利用几乎处处相等将 Lebesgue 积分转化成 Riemann 积分或 Riemann 广义积分这一技巧之外，利用 Lebesgue 积分对非负函数进行逐项积分、逐块积分也是一大技巧.

例 3.3.4 求 $\int_{[0, 1]} \dfrac{x^p}{1-x} \ln \dfrac{1}{x} dx \ (p > 0)$.

解 $\int_{[0, 1]} \dfrac{x^p}{1-x} \ln \dfrac{1}{x} dx$

$= \int_{[0, 1]} \left[\sum\limits_{k=0}^{+\infty} -x^{k+p} \ln x\right] dx \quad \left(\text{将} \dfrac{1}{1-x} \text{展成幂级数}\right)$

$= \sum\limits_{k=0}^{+\infty} \int_{[0, 1]} \left(-\dfrac{1}{k+p+1} \ln x \, dx^{k+p+1}\right) dx$

$= \sum\limits_{k=0}^{+\infty} \left[\left(-\dfrac{x^{k+p+1}}{k+p+1} \ln x\right)\Big|_0^1 + \int_{[0, 1]} \dfrac{x^{k+p}}{k+p+1} dx\right] \quad ((\text{R}) \text{积分的分部积分公式})$

$= 0 + \sum\limits_{k=0}^{+\infty} \left[\dfrac{x^{k+p+1}}{(k+p+1)^2}\right]_0^1 = \sum\limits_{k=0}^{+\infty} \dfrac{1}{(k+p+1)^2} = \sum\limits_{k=1}^{+\infty} \dfrac{1}{(k+p)^2}$

例 3.3.5 设 $f(x) = \begin{cases} \arcsin \dfrac{\sin x}{|\cos x|+1} & x \in P_0 \\ \dfrac{3^n}{4^n} & x \in I_n \end{cases}$

其中 I_n 为 Cantor G_0 集中第 n 次挖的 2^{n-1} 个区间之并，$n = 1, 2, \cdots$，求 $\int_{[0,1]} f(x) \mathrm{d}x$.

解 $\int_{[0,1]} f(x) \mathrm{d}x = \int_{P_0} f(x) \mathrm{d}x + \int_{G_0} f(x) \mathrm{d}x$

$= 0 + \sum_{n=1}^{+\infty} \int_{I_n} f(x) \mathrm{d}x = \sum_{n=1}^{+\infty} \dfrac{3^n}{4^n} \times \dfrac{2^{n-1}}{3^n} = \dfrac{1}{2}$

第四节 Fubini 定理

我们定义 Lebesgue 积分的初衷之一是求函数 f 的下方图形 $G_{(f, E)}$（以非负函数为例）的测度，然而到目前为止，我们只定义了可测函数的积分，是否有可能虽然 f 的下方图形 $G_{(f, E)}$ 是可测集，但 f 本身不满足可测的大前提呢？下述截面定理将让我们打消此顾虑. 为此，我们先引入截面概念.

定义 3.4.1 如图 3.4 所示，设 E 是 $\mathbf{R}^{p+q}$ 中一点集，$x \in \mathbf{R}^p$，$y \in \mathbf{R}^q$，则将 $\{y \mid y \in \mathbf{R}^q, (x, y) \in E\} \subseteq \mathbf{R}^q$，$\{x \mid x \in \mathbf{R}^p, (x, y) \in E\} \subseteq \mathbf{R}^p$ 分别称为 E 关于 x 的截面和 E 关于 y 的截面，并分别用 E_x、$'E_y$ 记之.

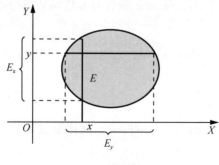

图 3.4

容易验证，截面具有下列简单性质：
1) 如果 $A_1 \subseteq A_2$，则 $(A_1)_x \subseteq (A_2)_x$；
2) 如果 $A_1 \cap A_2 = \varnothing$，则 $(A_1)_x \cap (A_2)_x = \varnothing$；

3) $(\bigcup A_i)_x = \bigcup (A_i)_x$，则$(\bigcap A_i)_x = \bigcap (A_i)_x$；

4) $(A_1 - A_2)_x = (A_1)_x - (A_2)_x$.

定理 3.4.1（截面定理） 设 E 是 $\mathbf{R}^{p+q}$ 中一可测点集，则

1) 对于 $\mathbf{R}^p$ 中几乎所有点 x，E_x 是 $\mathbf{R}^q$ 中可测集；

2) mE_x 作为 x 的函数，是在 $\mathbf{R}^p$ 上几乎处处有定义的可测函数；

3) $mE = \int_{\mathbf{R}^p} mE_x \mathrm{d}x$.

证明 分两种情况证明之.

第一种情况，当 E 为有界可测集时，又分五种具体情形证明之.

1) E 为 $\mathbf{R}^{p+q}$ 中左开右闭的有界区间的情形.

设 $E = \Delta_1 \times \Delta_2$，其中 Δ_1、Δ_2 分别为 $\mathbf{R}^p$、$\mathbf{R}^q$ 中相应的左开右闭的有界区间，则

① $E_x = \begin{cases} \Delta_2 & x \in \Delta_1 \\ \varnothing & x \notin \Delta_1 \end{cases}$，故 E_x 是 $\mathbf{R}^q$ 中可测集；

② $mE_x = \begin{cases} |\Delta_2| & x \in \Delta_1 \\ 0 & x \notin \Delta_1 \end{cases}$，故 mE_x 是简单函数，从而可测；

③ $mE = |\Delta_1| \times |\Delta_2| = \int_{\mathbf{R}^p} mE_x \mathrm{d}x$.

2) E 为开集的情形.

① 设 $E = \bigcup_{i=1}^{\infty} I_i$，其中 I_i 是 $\mathbf{R}^{p+q}$ 中互不相交的左开右闭的有界区间，则 $E_x = \bigcup_{i=1}^{\infty} (I_i)_x$，由 1) 知每个 $(I_i)_x$ 是 $\mathbf{R}^q$ 中可测集，所以 E_x 也可测.

② 因 I_i 互不相交，所以 $(I_i)_x$ 互不相交，则 $mE_x = \sum_{i=1}^{\infty} m(I_i)_x$. 由 1) 中的 ① 知各 $m(I_i)_x$ 是 $\mathbf{R}^p$ 上的可测函数，所以 mE_x 也是 $\mathbf{R}^p$ 上的可测函数.

③ $mE = \sum_{i=1}^{\infty} mI_i = \sum_{i=1}^{\infty} \int_{\mathbf{R}^p} m(I_i)_x \mathrm{d}x$

$= \int_{\mathbf{R}^p} \sum_{i=1}^{\infty} m(I_i)_x \mathrm{d}x = \int_{\mathbf{R}^p} mE_x \mathrm{d}x$

3) E 为有界 G_δ 集的情形.

① 设 $E = \bigcap_{i=1}^{\infty} G_i$，其中 G_i 是 $\mathbf{R}^{p+q}$ 中的开集，且可要求 $G_1 \supset G_2 \supset \cdots \supset G_n \supset \cdots$（若不然，令 $O_n = \bigcap_{i=1}^{n} G_i$ 即可），则

$$E_x = \bigcap_{i=1}^{\infty} (G_i)_x$$

由 2) 知 $(G_i)_x$ 是 $\mathbf{R}^q$ 中可测集，所以 E_x 也可测.

② 因为 $m(G_1)_x < +\infty$，且 $(G_1)_x \supset (G_2)_x \supset \cdots \supset (G_n)_x \supset \cdots$ 由内极限定理知 $mE_x = \lim\limits_{n\to\infty} m(G_n)_x$. 由 1) 中的 ② 知各 $m(G_n)_x$ 是 $\mathbf{R}^p$ 上的可测函数，所以 mE_x 也是 $\mathbf{R}^p$ 上的可测函数，且

$$mE = \lim_{n\to\infty} mG_n \qquad \text{(由内极限定理得)}$$

$$= \lim_{n\to\infty} \int_{\mathbf{R}^p} m(G_n)_x \mathrm{d}x \qquad \text{(由 2) 得)}$$

$$= \int_{\mathbf{R}^p} \lim_{n\to\infty} m(G_n)_x \mathrm{d}x \qquad \text{(由控制收敛定理得)}$$

$$= \int_{\mathbf{R}^p} mE_x \mathrm{d}x \qquad \text{(由内极限定理得)}$$

4) E 为零测度的情形.

① 设 E 是 $\mathbf{R}^{p+q}$ 中零测度集，则 $\exists G_\delta$ 型集 $G \supset E$ 满足 $mE = mG = 0$.

② 由 3) 知 $0 = mG = \int_{\mathbf{R}^p} mG_x \mathrm{d}x$，据积分唯一性定理得 $mG_x = 0$ a. e 于 $\mathbf{R}^p$，又 $G_x \supset E_x$，从而 E_x 可测.

③ $mE_x = 0$ a. e 于 $\mathbf{R}^p$，所以 mE_x 在 $\mathbf{R}^p$ 上可测，且 $mE = \int_{\mathbf{R}^p} mE_x \mathrm{d}x$.

5) E 为一般有界可测集的情形.

① 设 $E = G - N$，其中 G 为 G_δ 型集，N 为零测度集(可测集的构造定理). 因为 $E_x = G_x - N_x$. 所以 E_x 可测.

② 由 4) 得

$$mE_x = mG_x - mN_x = mG_x \text{ a. e 于 } \mathbf{R}^p$$

从而 mE_x 为 $\mathbf{R}^p$ 上的可测函数，且

$$mE = mG = \int_{\mathbf{R}^p} mG_x \mathrm{d}x = \int_{\mathbf{R}^p} mE_x \mathrm{d}x$$

第二种情况，当 E 为无界可测集时.

① 设 $E = \bigcup\limits_{i=1}^{\infty} E_i$，其中，$mE_i < +\infty$，且 E_i 彼此互不相交，则 $E_x = \bigcup\limits_{i=1}^{\infty} (E_i)_x$. 由第一种情况知 $(E_i)_x$ 是 $\mathbf{R}^q$ 中可测集，所以 E_x 也可测.

② 因 $(E_i)_x$ 互不相交，所以 $mE_x = \sum\limits_{i=1}^{\infty} m(E_i)_x$. 由第一种情况知各 $m(E_i)_x$ 是 $\mathbf{R}^p$ 上的可测函数，所以 mE_x 也是 $\mathbf{R}^p$ 上的可测函数.

③ $mE = \sum_{i=1}^{\infty} mE_i = \sum_{i=1}^{\infty} \int_{\mathbf{R}^p} m(E_i)_x \mathrm{d}x$
$= \int_{\mathbf{R}^p} \sum_{i=1}^{\infty} m(E_i)_x \mathrm{d}x = \int_{\mathbf{R}^p} mE_x \mathrm{d}x$

证毕.

推论 3.4.1 设 f 是定义在 E 上的非负函数, 且下方图形 $G_{(f, E)}$ 是可测集, 则 f 在 E 上可测.

证明 显然 $m(G_{(f, E)})_x = m(0, f(x)) = f(x)$, 由定理 3.4.1 之 2) 知结论成立.

证毕.

截面定理的证明过程再次体现了由特殊到一般、由具体到抽象、由简单到复杂, 层层递进的认知和研究规律, 务必结合定理 2.3.6、定理 3.1.2 以及后面将出现的引理 3.7.1 认真体会开集结构、可测集结构、可测函数结构的应用.

对 Riemann 积分而言, 重积分在一定条件下可以化为累次积分来计算; 对 Lebesgue 积分而言, 重积分也可以化为累次积分来计算吗? Fubini 不仅对此作出了肯定的回答, 而且还去掉了许多烦琐的条件限制, 截面定理都是必不可少的工具.

定理 3.4.2(Fubini 定理) 1) 设 $f(P) = f(x, y)$ 为 $A \times B \subset \mathbf{R}^{p+q}$(其中 $A \subset \mathbf{R}^p$, $B \subset \mathbf{R}^q$ 且均为可测集) 上的非负可测函数, 则对几乎所有的 $x \in A$, $f(x, y)$ 作为 y 的函数在 B 上可测, $\int_B f(x, y) \mathrm{d}y$ 作为 x 的函数在 A 上可测, 且

$$\int_{A \times B} f(p) \mathrm{d}p = \int_A \int_B f(x, y) \mathrm{d}y \mathrm{d}x$$

2) 设 $f(P) = f(x, y)$ 为 $A \times B \subset \mathbf{R}^{p+q}$(其中 $A \subset \mathbf{R}^p$, $B \subset \mathbf{R}^q$ 且均为可测集) 上的可积函数, 则对几乎所有的 $x \in A$, $f(x, y)$ 作为 y 的函数在 B 上可积, $\int_B f(x, y) \mathrm{d}y$ 作为 x 的函数在 A 上可积, 且

$$\int_{A \times B} f(p) \mathrm{d}p = \int_A \int_B f(x, y) \mathrm{d}y \mathrm{d}x$$

证明 1) 由定理 2.6.7 知: $G_{(f, A \times B)}$ 是 $\mathbf{R}^{p+q+1}$ 中的可测集, 则截面定理几乎对所有的 x, $(G_{(f, A \times B)})_x$ 为可测集, 函数 $m(G_{(f, A \times B)})_x$ 是 a.e 于 $A \times B$ 有定义的非负可测函数, 又由积分值定义得

$$m G_{(f, A \times B)} = \int_{A \times B} f(p) \mathrm{d}p \quad (积分定义)$$

$$= \int_{\mathbf{R}^p} m(G_{(f, A\times B)})_x \mathrm{d}x \quad (由定理 3.4.1 知)$$

因为 $\mathbf{R}^{q+1} \supset (G(f, A\times B))_x = \begin{cases} \{(y, z) \mid y \in B, 0 \leqslant z < f(x, y)\} & x \in A \\ \varnothing & x \notin A \end{cases}$,

所以对于 $x \in A$,该截面实际上是将 x 固定后,把 $f(x, y)$ 看成是 y 的函数时在 B 上的下方图形,即 $f(x, y) = m(G_{(f, B)})_{(x, y)}$,于是该截面可测. 由前述定理 3.4.1 有 $m(G_{(f, A\times B)})_x = \int_B f(x, y)\mathrm{d}y$,故

$$\int_{A\times B} f(p)\mathrm{d}p = \int_A \int_B f(x, y)\mathrm{d}y\mathrm{d}x$$

2) 设 $f(p)$ 在 $A\times B$ 上可积,则 $f^+(p)$、$f^-(p)$ 均在 $A\times B$ 上可积,且

$$\int_{A\times B} f(p)\mathrm{d}p = \int_{A\times B} f^+(p)\mathrm{d}p - \int_{A\times B} f^-(p)\mathrm{d}p \quad (积分定义)$$

$$= \int_A \int_B f^+(x, y)\mathrm{d}y\mathrm{d}x - \int_A \int_B f^-(x, y)\mathrm{d}y\mathrm{d}x \quad (由 1) 得)$$

$$= \int_A \left[\int_B f^+(x, y)\mathrm{d}y - \int_B f^-(x, y)\mathrm{d}y\right]\mathrm{d}x \quad (积分的线性)$$

$$= \int_A \int_B f(x, y)\mathrm{d}y\mathrm{d}x \quad (积分定义)$$

证毕.

注 3.4.1 同理 $\int_{A\times B} f(p)\mathrm{d}p = \int_B \int_A f(x, y)\mathrm{d}x\mathrm{d}y$ 成立,当然定理叙述及证明过程中某些字母要作相应的对调,此处不赘述.

注 3.4.2 从 Fubini 定理可以看出,只要重积分有限,则两个累次积分应相等,利用累次积分不等否定多元函数可积性是一个重要方法.

例 3.4.1 设 $f(x, y) = \dfrac{x^2 - y^2}{(x^2 + y^2)^2}$ 定义在 $E = (0, 1)\times (0, 1)$,则

$$\int_A \int_B f(x, y)\mathrm{d}y\mathrm{d}x = \int_{[0, 1]} \int_{[0, 1]} \frac{x^2 - y^2}{(x^2 + y^2)^2}\mathrm{d}y\mathrm{d}x$$

$$= \int_{[0, 1]} \frac{1}{1 + x^2}\mathrm{d}x = \frac{\pi}{4}$$

$$\int_B \int_A f(x, y)\mathrm{d}x\mathrm{d}y = \int_{[0, 1]} \int_{[0, 1]} \frac{x^2 - y^2}{(x^2 + y^2)^2}\mathrm{d}x\mathrm{d}y$$

$$= \int_{[0, 1]} \frac{-1}{1 + y^2}\mathrm{d}y = -\frac{\pi}{4}$$

故 $f(x, y)$ 在 E 上不可积.

第五节 单调函数与有界变差函数

定理 3.5.1 设 $F(x)$ 是 $[a, b]$ 上定义的单调增函数，则：
1) F 在 $[a, b]$ 上间断点至多可数，从而 F 在 $[a, b]$ 上 (R) 可积；
2) F 在 $[a, b]$ 上几乎处处可微；
3) F' 在 $[a, b]$ 上 (L) 可积，并有

$$\int_{[a, x]} F' dt \leqslant F(x) - F(a) \quad (\text{对 } \forall x \in [a, b])$$

证明 1) 因为 $F(x)$ 在 $[a, b]$ 上单调增，由数学分析知：$F(x)$ 只有第一类间断点.

如图 3.5 所示，令 $S(x) = F(x+0) - F(x-0)$ 并称之为 F 在 x 处的跃度，则对 $\forall \frac{1}{n} > 0$，满足 $E_n = \{x \mid S(x) \geqslant \frac{1}{n}\}$ 为有限集 (事实上，$\overline{E_n} \leqslant n[F(b) - F(a)]$)，从而间断点全体 $E = \bigcup\limits_{n=1}^{\infty} E_n$ 至多可数. 由 (R) 可积的充分必要条件定理 3.3.4 知 F 在 $[a, b]$ 上 (R) 可积.

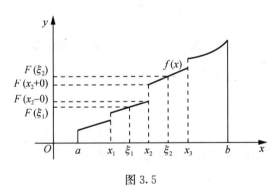

图 3.5

2) 详见附录 2.

3) 为了叙述方便，我们补充规定：当 $x > b$ 时，$F(x) \equiv F(b)$. 此时，$F(x)$ 在 $[a, +\infty)$ 几乎处处可微，所以对于任意极限为 0 的数列 $\{h_n\}$，有

$$\frac{1}{h_n}[F(t+h_n) - F(t)] \to F'(t) \text{ a.e } \text{于} [a, b]$$

则 $F'(t)$ 在 $[a, b]$ 上非负可测，从而存在积分值，且

$$\int_{[a, x]} F'(t) dt$$

$$= \int_{[a,\,x]} \varliminf_{n\to\infty} \frac{1}{h_n}[F(t+h_n) - F(t)]\mathrm{d}t$$

$$\leqslant \varliminf_{n\to\infty} \frac{1}{h_n} \int_{[a,\,x]} [F(t+h_n) - F(t)]\mathrm{d}t \quad \text{(Fatou 引理)}$$

$$= \varliminf_{n\to\infty} \frac{1}{h_n} \left[\int_{[a+h_n,\,x+h_n]} F(t)\mathrm{d}t - \int_{[a,\,x]} F(t)\mathrm{d}t \right] \quad \text{((R) 积分的变量替换)}$$

$$= \varliminf_{n\to\infty} \frac{1}{h_n} \left[\int_{[x,\,x+h_n]} F(t)\mathrm{d}t - \int_{[a,\,a+h_n]} F(t)\mathrm{d}t \right]$$

$$= \varliminf_{n\to\infty} \frac{1}{h_n} [F(x+h_n) \times h_n - F(a) \times h_n] \quad \text{(因 } h_n > 0 \text{、} F(x) \text{ 单调)}$$

$$= F(x^+) - F(a) = F(b) - F(a) < +\infty$$

故 F' 在 $[a, b]$ 上可积.

证毕.

定义 3.5.1 f 在 $[a, b]$ 上有定义，对任意分划

$$T: a = x_0 < x_1 < x_2 < \cdots < x_n = b$$

称 $\overset{b}{\underset{a}{V}}(f, T) = \sum_{i=1}^{n} |f(x_i) - f(x_{i-1})|$ 为 f 关于分划 T 的变差，称 $\overset{b}{\underset{a}{V}}(f) = \sup_{T} \overset{b}{\underset{a}{V}}(f, T)$ 为 f 在 $[a, b]$ 上的全变差.

若 $\overset{b}{\underset{a}{V}}(f) < +\infty$，则称 f 是 $[a, b]$ 上的有界变差函数.

显然，有界变差函数是有界函数. 事实上，$|f(x) - f(a)| \leqslant \overset{b}{\underset{a}{V}}(f)$，对 $\forall x \in [a, b]$ 有

$$|f(x)| \leqslant \overset{b}{\underset{a}{V}}(f) + |f(a)| = M < +\infty$$

一般说来，根据全变差定义求全变差较麻烦，但对单调函数而言却相当简单.

例 3.5.1 $[a, b]$ 上定义的任一单调函数 $f(x)$ 都是有界变差函数，且

$$\overset{b}{\underset{a}{V}}(f) = |f(b) - f(a)|$$

证明 不妨假定 f 单调增，因为对任意的分划

$$T: a = x_0 < x_1 < x_2 < \cdots < x_n = b$$

有

$$\overset{b}{\underset{a}{V}}(f, T) = \sum_{i=1}^{n} |f(x_i) - f(x_{i-1})| = f(b) - f(a)$$

故

$$\overset{b}{\underset{a}{V}}(f) = f(b) - f(a) < +\infty$$

即 $f(x)$ 是有界变差函数.

证毕.

既然对单调函数而言求全变差如此简单, 那么是否对于较复杂的函数可以分成若干个单调区间各个击破呢? 答案是肯定的, 有下述定理保证.

定理 3.5.2 若 f 是 $[a, b]$ 上的有界变差函数, 则对 $\forall c \in (a, b)$ 有

$$\overset{b}{\underset{a}{V}}(f) = \overset{c}{\underset{a}{V}}(f) + \overset{b}{\underset{c}{V}}(f)$$

证明 对 $\forall \varepsilon > 0$, 存在分划

$$T: a = x_0 < x_1 < x_2 < \cdots < x_n = b$$

满足

$$\overset{b}{\underset{a}{V}}(f, T) = \sum_{i=1}^{n} |f(x_i) - f(x_{i-1})| \geqslant \overset{b}{\underset{a}{V}}(f) - \varepsilon$$

如果此分划中没有分点 c 就添上它, 成为新的分划 T_0. 显然 $\overset{b}{\underset{a}{V}}(f, T_0) \geqslant \overset{b}{\underset{a}{V}}(f, T)$, 从而 $\exists n_1, n_2$ 满足

$$T_1: a = x_0 < x_1 < x_2 < \cdots < x_{n_1} = c$$
$$T_2: c = x_{n_1} < x_{n_1+1} < x_{n_1+2} < \cdots < x_{n_2} = b$$
$$\overset{c}{\underset{a}{V}}(f, T_1) + \overset{b}{\underset{c}{V}}(f, T_2) = \overset{b}{\underset{a}{V}}(f, T_0) \geqslant \overset{b}{\underset{a}{V}}(f, T) \geqslant \overset{b}{\underset{a}{V}}(f) - \varepsilon$$

故

$$\overset{c}{\underset{a}{V}}(f) + \overset{b}{\underset{c}{V}}(f) \geqslant \overset{b}{\underset{a}{V}}(f) \tag{1}$$

反之, 对 $\forall \varepsilon > 0$, $\exists$ 分划

$$T_1: a = x_0 < x_1 < x_2 < \cdots < x_{n_1} = c$$
$$T_2: c = x_{n_1} < x_{n_1+1} < x_{n_1+2} < \cdots < x_{n_2} = b$$

满足

$$\overset{c}{\underset{a}{V}}(f, T_1) = \sum_{i=1}^{n_1} |f(x_i) - f(x_{i-1})| \geqslant \overset{c}{\underset{a}{V}}(f) - \frac{\varepsilon}{2}$$

$$\overset{b}{\underset{c}{V}}(f, T_2) = \sum_{i=1}^{n_2} |f(y_i) - f(y_{i-1})| \geqslant V(f) - \frac{\varepsilon}{2}$$

取 T_1 与 T_2 的 "合并"

$$T: a = x_0 < x_1 < x_2 < \cdots < x_{n_1} = c < x_{n_1+1} < x_{n_1+2} < \cdots < x_{n_2} = b$$

则

$$\overset{b}{\underset{a}{V}}(f,\ T) = \overset{c}{\underset{a}{V}}(f,\ T_1) + \overset{b}{\underset{c}{V}}(f,\ T_2) \geqslant \overset{c}{\underset{a}{V}}(f) + \overset{b}{\underset{c}{V}}(f) - \varepsilon$$

故

$$\overset{b}{\underset{a}{V}}(f) \geqslant \overset{c}{\underset{a}{V}}(f) + \overset{b}{\underset{c}{V}}(f) \tag{2}$$

综合式(1)、(2) 即得

$$\overset{b}{\underset{a}{V}}(f) = \overset{c}{\underset{a}{V}}(f) + \overset{b}{\underset{c}{V}}(f)$$

证毕.

例 3.5.2 $f(x) = \begin{cases} x\sin\dfrac{1}{x} & x \in (0,\ 1] \\ 0 & x = 0 \end{cases}$ 不是 $[0,1]$ 上的有界变差函数,但

$g(x) = \begin{cases} x^2\sin\dfrac{1}{x} & x \in (0,\ 1] \\ 0 & x = 0 \end{cases}$ 是 $[0,1]$ 上的有界变差函数.

证明 事实上,$f(x)$、$g(x)$ 的局部极大值、极小值点交替为

$$1,\ \frac{1}{\frac{\pi}{2}},\ \frac{1}{\pi + \frac{\pi}{2}},\ \frac{1}{2\pi + \frac{\pi}{2}},\ \frac{1}{3\pi + \frac{\pi}{2}},\ \cdots,\ \frac{1}{n\pi + \frac{\pi}{2}},\ \cdots$$

所以

$$\overset{1}{\underset{0}{V}}(f) \geqslant \overset{1}{\underset{\frac{1}{n\pi+\frac{\pi}{2}}}{V}}(f) = \left|\sin 1 - \frac{2}{\pi}\right| + \sum_{i=1}^{n}\left|\frac{1}{i\pi+\frac{\pi}{2}} + \frac{1}{(i-1)\pi+\frac{\pi}{2}}\right| \xrightarrow{n\to\infty} +\infty$$

故 $f(x) = \begin{cases} x\sin\dfrac{1}{x} & x \in (0,\ 1] \\ 0 & x = 0 \end{cases}$ 不是 $[0,1]$ 上的有界变差函数.

又因为

$$\overset{1}{\underset{0}{V}}(g) = \left|\sin 1 - \left(\frac{2}{\pi}\right)^2\right| + \sum_{i=1}^{\infty}\left|\left[\frac{1}{i\pi+\frac{\pi}{2}}\right]^2 + \left[\frac{1}{(i-1)\pi+\frac{\pi}{2}}\right]^2\right| < +\infty$$

故 $g(x) = \begin{cases} x^2\sin\dfrac{1}{x} & x \in (0,\ 1] \\ 0 & x = 0 \end{cases}$ 是 $[0,1]$ 上的有界变差函数.

证毕.

注 3.5.1 将 $g(x)$ 中 x^2 处换为更一般的 $x^\alpha(\alpha>1)$ 后,同理可证是 $[0,1]$ 上的有界变差函数.

定理 3.5.3 设 $f(x)$,$g(x)$ 是 $[a,b]$ 上的有界变差函数,则 $f(x) \pm g(x)$、

$f(x)g(x)$ 是 $[a,b]$ 上的有界变差函数；如果 $\exists \delta > 0$ 满足 $|g(x)| \geqslant \delta$，$\dfrac{f(x)}{g(x)}$ 也是 $[a,b]$ 上的有界变差函数.

证明 1) 对任意的分划

$$T: a = x_0 < x_1 < x_2 < \cdots < x_n = b$$

有

$$\overset{b}{\underset{a}{V}}[(f \pm g), T] = \sum_{i=1}^{n} | [f(x_i) \pm g(x_i)] - [f(x_{i-1}) \pm g(x_{i-1})] |$$

$$\leqslant \sum_{i=1}^{n} | [f(x_i) - [f(x_{i-1})| + \sum_{i=1}^{n} | g(x_i) - g(x_{i-1}) |$$

$$= \overset{b}{\underset{a}{V}}(f, T) + \overset{b}{\underset{a}{V}}(g, T) \leqslant \overset{b}{\underset{a}{V}}(f) + \overset{b}{\underset{a}{V}}(g)$$

故 $\overset{b}{\underset{a}{V}}(f \pm g) \leqslant \overset{b}{\underset{a}{V}}(f) + \overset{b}{\underset{a}{V}}(g) < +\infty$，即 $f(x) \pm g(x)$ 是 $[a,b]$ 上的有界变差函数.

2) 因为 $f(x)$，$g(x)$ 是 $[a,b]$ 上的有界变差函数，所以 $f(x)$、$g(x)$ 是 $[a,b]$ 上的有界函数. 即

$$M_f = \sup_{x \in [a,b]} | f(x) | < +\infty, \quad M_g = \sup_{x \in [a,b]} | g(x) | < +\infty$$

$$\overset{b}{\underset{a}{V}}[(fg), T] = \sum_{i=1}^{n} | [f(x_i)g(x_i)] - [f(x_{i-1})g(x_{i-1})] |$$

$$\leqslant \sum_{i=1}^{n} | [f(x_i) - f(x_{i-1})]g(x_i) | + \sum_{i=1}^{n} | [g(x_i) - g(x_{i-1})]f(x_{i-1}) |$$

$$\leqslant M_g \overset{b}{\underset{a}{V}}(f, T) + M_f \overset{b}{\underset{a}{V}}(g, T)$$

$$\leqslant M_g \overset{b}{\underset{a}{V}}(f) + M_f \overset{b}{\underset{a}{V}}(g)$$

故 $\overset{b}{\underset{a}{V}}(fg) \leqslant M_g \overset{b}{\underset{a}{V}}(f) + M_f \overset{b}{\underset{a}{V}}(g) < +\infty$，即 $f(x)g(x)$ 是 $[a,b]$ 上的有界变差函数.

3) 如果 $\exists \delta > 0$ 满足 $|g(x))| \geqslant \delta$，则

$$\overset{b}{\underset{a}{V}}\left(\frac{1}{g}\right) = \sum_{i=1}^{n} \left| \frac{1}{g(x_i)} - \frac{1}{g(x_{i-1})} \right| \leqslant \sum_{i=1}^{n} \frac{| g(x_i) - g(x_{i-1}) |}{\delta^2}$$

即 $\overset{b}{\underset{a}{V}}\left(\dfrac{1}{g}\right) \leqslant \dfrac{\overset{b}{\underset{a}{V}}(g)}{\delta^2} < +\infty$，且 $\dfrac{1}{g(x)}$ 也是 $[a,b]$ 上的有界变差函数，由 2) 知 $\dfrac{f(x)}{g(x)}$ 也是 $[a,b]$ 上的有界变差函数.

证毕.

定理 3.5.4　$f(x)$ 是 $[a,b]$ 上的有界变差函数的充分必要条件是 $f(x)$ 可以表成两个单调函数之差.

证明　"$\Rightarrow$" 因为可以将 $f(x)$ 分解为：$f(x) = \overset{x}{\underset{a}{V}}(f) - [\overset{x}{\underset{a}{V}}(f) - f(x)]$，其中 $f_1(x) = \overset{x}{\underset{a}{V}}(f)$ 显然是单调增函数，只需证明 $f_2(x) = [\overset{x}{\underset{a}{V}}(f) - f(x)]$ 是单调增函数.

事实上，当 $x_1 < x_2$ 时，有
$$f_2(x_2) - f_2(x_1) = [\overset{x_2}{\underset{a}{V}}(f) - f(x_2)] - [\overset{x_1}{\underset{a}{V}}(f) - f(x_1)]$$
$$= \overset{x_2}{\underset{x_1}{V}}(f) - [f(x_2) - f(x_1)] \geqslant 0$$

故 $f_2(x)$ 是单调增函数.

"$\Leftarrow$" 设 $f(x) = f_1(x) - f_2(x)$，其中 $f_1(x)$ 与 $f_2(x)$ 都是单调增函数. 从而 $f_1(x)$ 与 $f_2(x)$ 都是有界变差函数，由定理 3.5.3 知 $f(x)$ 是有界变差函数.

证毕.

推论 3.5.1　设 f 是 $[a,b]$ 上的有界变差函数，则 f 在 $[a,b]$ 上，几乎处处连续，几乎处处相等可微，(R) 可积.

第六节　绝对连续函数

定义 3.6.1　f 在 $[a,b]$ 上有定义，对 $\forall \varepsilon > 0$，$\exists \delta > 0$，对 $\forall$ 有限数 n，当互不相交区间 (α_i, β_i) 满足 $\sum_{i=1}^{n} |\beta_i - \alpha_i| < \delta$ 时，有
$$\sum_{i=1}^{n} |f(\beta_i) - f(\alpha_i)| < \varepsilon$$
则称 $f(x)$ 为 $[a,b]$ 上的绝对连续函数.

定理 3.6.1　若 f 是在 $[a,b]$ 上定义的绝对连续函数，则 f 在 $[a,b]$ 上连续，且变差有界.

证明　对 $\forall \varepsilon > 0$，$\exists \delta > 0$. 对 $n = 1$，当 $|\beta - \alpha| < \delta$ 时，有
$$|f(\beta) - f(\alpha)| < \varepsilon$$
即 f 在 $[a,b]$ 上一致连续，从而 f 在 $[a,b]$ 上连续.

对 $\varepsilon_0 = 1$，$\exists \delta > 0$. 取 N_0 满足 $a = x_0 < x_1 < x_2 < \cdots < x_{N_0} = b$，且 $x_i - x_{i-1} < \delta (i = 1, 2, \cdots, N_0)$，对 $\forall$ 有限数 n，当互不相交区间

$(\alpha_j^i, \beta_j^i) \subset (x_{i-1}, x_i)$ 时，有 $\sum_{j=1}^{n_i} |\beta_j^i - \alpha_j^i| < \delta$，从而有

$$\sum_{j=1}^{n_i} |f(\beta_j^i) - f(\alpha_j^i)| < 1, \overset{x_i}{\underset{x_{i-1}}{V}}(f) \leqslant 1 < +\infty$$

$$\overset{b}{\underset{a}{V}}(f) = \sum_{i=1}^{n} \overset{x_i}{\underset{x_{i-1}}{V}}(f) \leqslant N_0 < +\infty$$

即 f 是有界变差函数.

证毕.

推论 3.6.1 若 $f(x)$ 是 $[a, b]$ 上的绝对连续函数，则 f 可以表成两个单调函数之差.

定理 3.6.2 设 $f(x)$、$g(x)$ 是 $[a, b]$ 上的绝对连续函数，则 $f(x) \pm g(x)$、$f(x)g(x)$ 是 $[a, b]$ 上的绝对连续函数. 如果 $g(x) \neq 0$ 于 $[a, b]$，$\dfrac{f(x)}{g(x)}$ 也是 $[a, b]$ 上的绝对连续函数.

证明 f、g 在 $[a, b]$ 上有定义，对 $\forall \varepsilon > 0$，$\exists \delta > 0$. 对 $\forall$ 有限数 n，当互不相交区间 (α_i, β_i) 满足 $\sum_{i=1}^{n} |\beta_i - \alpha_i| < \delta$ 时，有

$$\sum_{i=1}^{n} |f(\beta_i) - f(\alpha_i)| < \frac{\varepsilon}{2}, \sum_{i=1}^{n} |g(\beta_i) - g(\alpha_i)| < \frac{\varepsilon}{2}$$

$$\sum_{i=1}^{n} |[f(\beta_i) \pm g(\beta_i)] - [f(\alpha_i) \pm g(\alpha_i)]|$$

$$\leqslant \sum_{i=1}^{n} |[f(\beta_i) - f(\alpha_i)]| + \sum_{i=1}^{n} |[g(\beta_i) - g(\alpha_i)]| < \varepsilon$$

故 $f(x) \pm g(x)$ 是 $[a, b]$ 上的绝对连续函数.

其余留给读者借鉴定理 3.5.3 思路自行证明.

思考：为什么此处 $\dfrac{f(x)}{g(x)}$ 只要求 $g(x) \neq 0$ 于 $[a, b]$，并没有类似定理 3.5.3 要求"存在 $\delta > 0$ 满足 $|g(x)| \geqslant \delta$"呢？

定理 3.6.3 设 $f(x)$ 是定义在 $[a, b]$ 上的 Lipschitz 函数，则 f 是绝对连续函数.

证明 因为 $f(x)$ 是定义在 $[a, b]$ 上的 Lipschitz 函数，所以 $\exists M > 0$，对 $\forall x_1, x_2 \in [a, b]$ 有 $|f(x_1) - f(x_2)| \leqslant M|x_1 - x_2|$，故对 $\forall \varepsilon > 0$，$\exists \delta = \dfrac{\varepsilon}{M}$.

对 $\forall$ 有限数 n，当互不相交区间 (α_i, β_i) 满足 $\sum_{i=1}^{n} |\beta_i - \alpha_i| < \delta$ 时，有

$$\sum_{i=1}^n |f(\beta_i)-f(\alpha_i)| \leqslant \sum_{i=1}^n M|\beta_i-\alpha_i| < M \times \frac{\varepsilon}{M} = \varepsilon$$

即 f 是定义在 $[a,b]$ 上的绝对连续函数.

证毕.

定理 3.6.4 设 $f(x)$ 是定义在 $[a,b]$ 上 Lebesgue 可积函数，则 $f(x)$ 的不定积分 $F(x) = \int_{[a,x]} f \mathrm{d}t + C$（其中 C 是任意常数）是绝对连续函数.

证明 由积分绝对连续性定理知：对 $\forall \varepsilon > 0$，$\exists \delta > 0$，当 $A \subset [a,b]$，$mA < \delta$ 时，有

$$\left|\int_A f \mathrm{d}t\right| \leqslant \int_A |f| \mathrm{d}t < \varepsilon$$

于是对 $\forall$ 有限数 n，当互不相交区间 (α_i, β_i) 满足：令 $A = \bigcup_{i=1}^n [\alpha_i, \beta_i]$，则当 $mA = \sum_{i=1}^n |\beta_i - \alpha_i| < \delta$ 时，有

$$\sum_{i=1}^n |F(\beta_i) - F(\alpha_i)| = \sum_{i=1}^n \left|\int_{[\alpha_i,\beta_i]} f \mathrm{d}t\right|$$
$$\leqslant \sum_{i=1}^n \int_{[\alpha_i,\beta_i]} |f| \mathrm{d}t \leqslant \int_A |f| \mathrm{d}t < \varepsilon$$

故 $\int_{[a,x]} f \mathrm{d}t$ 是绝对连续函数，从而 $F(x) = \int_{[a,x]} f \mathrm{d}t + C$（其中 C 是任意常数）是绝对连续函数.

证毕.

定理 3.1.7 之所以被称为积分绝对连续性定理，就是因为它保证了原函数的绝对连续性.

第七节　微分与积分

引理 3.7.1 若 $f(x)$ 是定义在 $[a,b]$ 上的 Lebesgue 可积函数，且 $F(x) = \int_{[a,x]} f \mathrm{d}t = 0$，则 $f(x) = 0$ a.e 于 $[a,b]$.

证明 1) 对 $\forall$ 开区间 $(\alpha, \beta) \subset [a,b]$ 有

$$\int_{(\alpha,\beta)} f \mathrm{d}t = \int_{[a,\beta]} f \mathrm{d}t - \int_{[a,\alpha]} f \mathrm{d}t = 0$$

2) 对 $\forall$ 开集 $G = \bigcup_i (\alpha_i, \beta_i) \subset [a,b]$ 有

$$\int_G f\mathrm{d}t = \sum_i \int_{(\alpha_i,\beta_i)} f\mathrm{d}t = 0$$

3) 对 $\forall$ 闭集 $F \subset [a, b]$，若开集 $F = [a, b] - G$，则

$$\int_F f\mathrm{d}t = \int_{[a, b]} f\mathrm{d}t - \int_G f\mathrm{d}t = 0$$

4) 若 $f(x) = 0$ a.e 于 $[a, b]$ 不真，不妨假定 $mE[f > 0] > 0$，则 $\exists n$ 满足 $mE\left[f > \dfrac{1}{n}\right] = \delta > 0$. 由可测集的性质知：$\exists$ 闭集 $F_0 \subset E\left[f > \dfrac{1}{n}\right]$ 满足 $mF_0 > \dfrac{\delta}{2}$，故 $\int_{F_0} f\mathrm{d}t \geqslant \dfrac{1}{n} mF_0 > 0$，矛盾.

定理 3.7.1　若 $f(x)$ 是定义在 $[a, b]$ 上的 Lebesgue 可积函数，且

$$F(x) = \int_{[a, x]} f\mathrm{d}t$$

则 $F'(x) = f(x)$ a.e 于 $[a, b]$.

证明　分三步证明.

1) 设 f 是有界函数，即 $\exists k > 0$ 满足 $|f(x)| \leqslant k$，$x \in [a, b]$.

令 $F(x) = \int_{[a, x]} f\mathrm{d}t$，若 $h \neq 0$，则有

$$\left| \dfrac{1}{h}[F(x+h) - F(x)] \right| = \left| \dfrac{1}{h} \int_{[x, x+h]} f\mathrm{d}t \right| \leqslant k$$

因为 $F(x)$ 绝对连续，几乎处处可微，所以对于任意极限为 0 的数列 $\{h_n\}$，有

$$\dfrac{1}{h_n}[F(x+h_n) - F(x)] \to F'(x)\ \text{a.e 于}\ [a, b]$$

则

$$\int_{[a, x]} F'(t) f\mathrm{d}t$$

$$= \lim_{n \to 0} \dfrac{1}{h_n} \int_{[a, x]} [F(t+h_n) - F(t)]\mathrm{d}t \quad \text{(有界控制收敛定理)}$$

$$= \lim_{h \to 0} \dfrac{1}{h} \int_{[a, x]} [F(t+h) - F(t)]\mathrm{d}t \quad \text{(海涅极限定理)}$$

$$= \lim_{h \to 0} \dfrac{1}{h} \left[\int_{[a+h, x+h]} F(t)\mathrm{d}t - \int_{[a, x]} F(t)\mathrm{d}t \right] \quad \text{((R) 积分的变量替换)}$$

$$= \lim_{h \to 0} \dfrac{1}{h} \left[\int_{[x, x+h]} F(t)\mathrm{d}t - \int_{[a, a+h]} F(t)\mathrm{d}t \right]$$

$$= \lim_{h \to 0} \dfrac{1}{h} \{ F[x + \theta_1(h)h] \times h - F[a + \theta_2(h)h] \times h \} \quad (0 < \theta_1(h) < 1,$$

$$0 < \theta_2(h) < 1)$$

$$= F(x) - F(a) = F(x) \quad (\text{因为 } F \text{ 连续, 且 } F(a) = 0)$$

即 $\int_{[a,\,x]} (F' - f) dt = 0$, 由引理 3.7.1 知 $F'(x) = f(x)$ a.e 于 $[0, 1]$.

2) 设 f 是非负可积函数, 则存在有界非负简单函数列满足

$$f_n(t) \leqslant f_{n+1}(t) \leqslant f(t),\ f_n(t) \to f(t) \quad (n \to +\infty)$$

于是

$$F_n(x) = \int_{[a,\,x]} f_n dt$$

则 $F'_n(x) = f_n(x)$ a.e 于 $[a, b]$.

$$F(x) = \int_{[a,\,x]} f_n(t) dt + \int_{[a,\,x]} [f(t) - f_n(t)] dt$$

令

$$G_n(x) = \int_{[a,\,x]} [f(t) - f_n(t)] dt$$

则 $G_n(x)$ 关于 x 单调增, 几乎处处存在非负导数 $G'_n(x)$, 所以

$$F'(x) = f_n(x) + G'_n(x) \geqslant f_n(x)$$

令 $n \to +\infty$ 得 $F'(x) \geqslant f(x)$, 从而

$$\int_{[a,\,x]} F'(t) dt \geqslant \int_{[a,\,x]} f(t) dt$$

另一方面, 由 $f(x)$ 非负可知, 再由定理 3.5.1 之 3) 知

$$\int_{[a,\,x]} F'(t) dt \leqslant F(x) - F(a) = \int_{[a,\,x]} f(t) dt$$

即 $\int_{[a,\,x]} F'(t) dt = \int_{[a,\,x]} f(t) dt$, 由引理 3.7.1 知

$$F'(x) = f(x) \text{ a.e 于 } [a, b]$$

3) 设 f 是一般可积函数, 则 $F(x) = \int_{[a,\,x]} f^+ dt - \int_{[a,\,x]} f^- dt$. 由 2) 知

$$F'(x) = f^+(x) - f^-(x) = f(x) \text{ a.e 于 } [a, b]$$

证毕.

引理 3.7.2 设 $F(x)$ 是 $[a, b]$ 上的绝对连续函数, 且 $F'(x) = 0$ a.e 于 $[a, b]$, 则 $F(x)$ 为常值函数.

证明 分两步证明.

第一步: 先证 $F(b) = F(a)$. 对 $\forall \varepsilon > 0$, 由假设: $F(x)$ 是 $[a, b]$ 上的绝对连续函数, 所以 $\exists \delta > 0$, 对 $\forall$ 有限数 n, 当互不相交区间 (α_i, β_i) 满足 $\sum_{i=1}^{n} |\beta_i - \alpha_i| < \delta$ 时, 有

$$\sum_{i=1}^{n} |F(\beta_i) - f(\alpha_i)| < \varepsilon \tag{1}$$

记 $E_0 = \{x \mid F'(x) = 0, x \in [a, b]\}$，从而 $m([a, b] - E_0) = 0$，所以对上述 $\delta > 0$，$\exists$ 开集 $G_0 \supset [a, b] - E_0$ 且 $mG_0 < \delta$.

设 $\{(\alpha_i, \beta_i)\}$ 为 G_0 的构成区间族，则

$$m \bigcup_i (\alpha_i, \beta_i) = \sum_i (\beta_i - \alpha_i) = mG_0 < \delta$$

对 $\forall \varepsilon > 0$，$\exists y_0 \in [a, b] - G_0 \subset E_0$，$\exists h_0 = h(\varepsilon, y_0) > 0$，使得当 $y \in (y_0 - h_0, y_0 + h_0)$ 时，有

$$\left| \frac{F(y) - F(y_0)}{y - y_0} \right| < \varepsilon \tag{2}$$

这时，开区间族 $\{(\alpha_i, \beta_i)\} \cup \left\{ \left(y_0 - \frac{h_0}{2}, y_0 + \frac{h_0}{2} \right) \mid y_0 \in [a, b] - G_0 \right\}$ 是 $[a, b]$ 的一个开覆盖. 根据有限覆盖定理，存在其中的有限个开区间覆盖有界闭区间 $[a, b]$，设它们是

$$\left\{ (\alpha_i, \beta_i) \mid i = 1, 2, \cdots, n \right\} \cup \left\{ \left(y_j - \frac{h_j}{2}, y_j + \frac{h_j}{2} \right) \mid j = 1, 2, \cdots, m \right\}$$

对有限点集 $\{\alpha_i, \beta_i, y_j \mid i = 1, 2, \cdots, n; j = 1, 2, \cdots, m\}$ 作适当的增删处理，然后按大小顺序排列，使之成为 $[a, b]$ 的一个分划

$$T: a = x_0 < x_1 < x_2 < \cdots < x_e = b$$

并且使得任何 (x_{k-1}, x_k) 必属于以下两种情形之一：

① 包含在某个 (α_i, β_i) 之中；

② 包含在某个 $\left(y_j - \frac{h_j}{2}, y_j + \frac{h_j}{2} \right)$ 之中，且有一端点刚好是 y_j，由此

$$|F(b) - F(a)| \leq \sum_{k=1}^{l} |F(x_k) - F(x_{k-1})|$$

$$= \sum{}' |F(x_k) - F(x_{k-1})| + \sum{}'' |F(x_k) - F(x_{k-1})|$$

其中，$\sum{}' |F(x_k) - F(x_{k-1})|$ 和 $\sum{}'' |F(x_k) - F(x_{k-1})|$ 分别表示具有形式 ① 和 ② 的 (x_{k-1}, x_k) 所对应的 $|F(x_k) - F(x_{k-1})|$ 求和. 根据 ① 有

$$\sum{}' |F(x_k) - F(x_{k-1})| < \varepsilon$$

根据 ② 有

$$\sum{}'' |F(x_k) - F(x_{k-1})| < \varepsilon \times \sum{}'' |x_k - x_{k-1}| \leq \varepsilon (b - a)$$

由 ε 的任意性，即得 $F(b) = F(a)$.

第二步：对 $\forall x \in [a, b]$，用 $[a, x]$ 代替 $[a, b]$ 重复第一步的讨论，便得到 $F(x) = F(b)$，即 F 为常值函数.

证毕.

定理 3.7.2 $F(x) - F(a) = \int_{[a, x]} F'(t) dt \Leftrightarrow F(x)$ 为绝对连续函数.

证明 "$\Rightarrow$" 由定理 3.6.4 即得.

"$\Leftarrow$" 因为 $F(x)$ 为绝对连续函数，所以 $F'(x)$ 为 Lebesgues 可积函数. 令 $\varphi(x) = \int_{[a, x]} F'(t) dt$，则 $\varphi(x)$ 为绝对连续函数；再令 $\psi(x) = F(x) - \varphi(x)$，则 $\psi(x)$ 也是绝对连续函数，且

$$\psi'(x) = F'(x) - \varphi'(x) = F'(x) - F'(x) = 0 \text{ a.e } \mp [a, b]$$

由引理 3.7.2 知，$\psi(x)$ 为常值函数，而 $\psi(a) = F(a) - \varphi(a) = F(a)$，即

$$F(x) - \varphi(x) \equiv F(a)$$

故 $F(x) - F(a) = \int_{[a, x]} F'(t) dt$.

证毕.

定理 3.7.3（分部积分公式） 设 $f(x)$、$g(x)$ 为 $[a, b]$ 上的绝对连续函数，则

$$\int_{[a, b]} f(t) g'(t) dt = f(t) g(t) \big|_a^b - \int_{[a, b]} g(t) f'(t) dt$$

证明 因为 $(f(t) g(t))' = f'(t) g(t) + f(t) g'(t)$，所以

$$f(t) g'(t) = (f(t) g(t))' - f'(t) g(t)$$

于是

$$\int_{[a, b]} f(t) g'(t) dt = \int_{[a, b]} (f(t) g(t))' dt - \int_{[a, b]} f'(t) g(t) dt$$

由定理 3.7.2 知

$$\int_{[a, b]} (f(t) g(t))' dt = f(b) g(b) - f(a) g(a)$$

即

$$\int_{[a, b]} f(t) g'(t) dt = (f(t) g(t)) \big|_a^b - \int_{[a, b]} f'(t) g(t) dt$$

证毕.

习 题 三

1. 设在 Cantor 集 P_0 上定义函数 $f(x) = 0$，而在 P_0 的余集 G_0 中长度为

$\frac{1}{3^n}$ 的构成区间上定义为 $n(n=1,2,\cdots)$，试证 $f(x)$ 在 $[0,1]$ 上可积，并求积分值.

2. 若 $f(x)$ 在 E 上可积，$E_n = E[|f| \geq n]$，则 $\lim\limits_{n\to\infty} nmE_n = 0$.

3. 若 $mE < +\infty$，$f(x)$ 在 E 上有限可测，$E_n = E[n > f \geq n-1]$，则 $f(x)$ 在 E 上可积 $\Leftrightarrow \sum\limits_{n=-\infty}^{+\infty} |n| mE_n < +\infty$.

4. 设 $\{f_n(x)\}$ 为 E 上的非负可测函数列，若 $\lim\limits_{n\to\infty} \int_E f_n \mathrm{d}x = 0$，则 $f_n(x) \Rightarrow 0$ 于 E.

5. 设 $mE < +\infty$，且 $\{f_n(x)\}$ 为 E 上的有限可测函数列，证明
$$\lim_{n\to\infty} \int_E \frac{|f_n|}{1+|f_n|} \mathrm{d}x = 0 \Leftrightarrow f_n \Rightarrow 0 \text{ 于 } E$$

6. 设 $f(x) = \dfrac{\sin\frac{1}{x}}{x^\alpha}$，$0 < x \leq 1$，讨论当 α 为何值时，$f(x)$ 为 $(0,1]$ 上的可积函数或不可积函数.

7. 设由 $[0,1]$ 中取出 n 个可测子集 $E_1, E_2, \cdots, E_n$，假定 $[0,1]$ 中任一点 x 至少属于这 n 个集中的 q 个，则至少有一集测度大于或者等于 $\dfrac{q}{n}$.

8. 设 $mE > 0$，$f(x)$ 在 E 上可积，则
$$f = 0 \text{ a.e 于 } E \Leftrightarrow \text{对任意有界可测函数 } \varphi(x) \text{ 有} \int_E f\varphi \mathrm{d}x = 0$$

9. 设 $E = [0,1]$，$f(x)$ 在 E 上可积，则
$$f = 0 \text{ a.e 于 } E \Leftrightarrow \text{对任意 } c \in (0,1) \text{ 有} \int_{[0,c]} f \mathrm{d}x = 0$$

10. 证明 $\lim\limits_{n\to\infty} \int_{[0,+\infty)} \dfrac{1}{\left[1+\frac{x}{n}\right]^n x^{\frac{1}{n}}} \mathrm{d}x = 1$.

11. 试从 $\dfrac{1}{1+x} = (1-x) + (x^2 - x^3) + \cdots$，$0 < x < 1$，求证
$$\ln 2 = 1 - \frac{1}{2} + \frac{1}{3} - \frac{1}{4} + \cdots + \frac{(-1)^{n+1}}{n} + \cdots$$

12. 设 $F(x)$ 是 $[a,b]$ 上定义的单调减函数，则

1) F 在 $[a,b]$ 上间断点至多可数，从而 F 在 $[a,b]$ 上 (R) 可积；

2) F 在 $[a,b]$ 上几乎处处可微，且导函数 $F'(x)$ 在 $[a,b]$ 上 (L) 可积，并有

$$\int_{[a,\,x]} F'(t)\mathrm{d}t \geqslant F(x)-F(a) \quad (\text{对 } \forall x \in [a,\,b])$$

13. 设 $\{f_n(x)\}$ 为 E 上的可积函数列，$f_n(x) \to f(x)$ a.e 于 E，且 $\int_E |f_n|\mathrm{d}x < M$ (M 为常数)，则 $f(x)$ 在 E 上可积．

14. 设 $f(x)$ 在 $[a-\varepsilon,\,b+\varepsilon](\varepsilon > 0)$ 上可积，则
$$\lim_{t \to 0}\int_{[a,\,b]} |f(x+t)-f(x)|\mathrm{d}x = 0$$

15. 设 $f(x)$，$f_n(x)$ 为 E 上的可积函数列，$f_n(x) \to f(x)$ a.e 于 E，且
$$\int_E |f_n|\mathrm{d}x \to \int_E |f|\mathrm{d}x$$
则对 $\forall$ 可测子集 $e \subset E$ 有
$$\int_e |f_n|\mathrm{d}x \to \int_e |f|\mathrm{d}x$$

16. 设 $f(x)$ 在 $(0,\,+\infty)$ 上可积，且一致连续，则 $f(x) \to 0 (x \to \infty)$．

17. 设 $f(x)$ 在 $\mathbf{R}^p$ 上可积，$g(y)$ 在 $\mathbf{R}^q$ 上可积，试证 $f(x)g(y)$ 在 $\mathbf{R}^p \times \mathbf{R}^q$ 上可积且 $\iint_{\mathbf{R}^p \times \mathbf{R}^q} f(x)g(y)\mathrm{d}x\mathrm{d}y = \int_{\mathbf{R}^p} f(x)\mathrm{d}x \int_{\mathbf{R}^q} g(y)\mathrm{d}y$．

18. 在 $I = \{(x,\,y) \mid -1 \leqslant x \leqslant 1,\, -1 \leqslant y \leqslant 1\}$ 上定义
$$f(x,\,y) = \begin{cases} \dfrac{xy}{(x^2+y^2)^2} & x^2+y^2 \neq 0 \\ 0 & x^2+y^2 = 0 \end{cases}$$
则这两个累次积分存在且相等，但 $f(x,\,y)$ 在 I 上不可积．

19. 区间 $(a,\,b)$ 上两个单调函数，若在一稠密子集上相等，则它们有相同的连续点，从而几乎处处相等．

20. 设 $f(x)$、$f_n(x)$ 为 $[a,\,b]$ 上的有界变差函数列，$f_n(x) \to f(x)$ a.e 于 E，且 $|f(x)| < +\infty$，如果 $\overset{b}{\underset{a}{V}}(f_n) \leqslant K (n=1,\,2,\,\cdots)$，则 $f(x)$ 为有界变差函数，且 $\overset{b}{\underset{a}{V}}(f) \leqslant K$．

21. 讨论函数 $f(x) = x^\alpha \sin\dfrac{1}{x^\beta}(0 \leqslant x \leqslant 1;\,\alpha,\,\beta > 0)$ 在何种情况下为有界变差函数，何种情况下为绝对连续函数．

22. 设 $f(x)$ 为 $[a,\,b]$ 上的绝对连续函数，且 $f'(x) \geqslant 0$，则 $f(x)$ 为 $[a,\,b]$ 上的单调递增函数．

23. 探寻一个比"控制收敛定理""Levi 定理"更弱的条件，并证明在此条

件下，当 $f_n(x) \to f(x)$ a.e 于 E 时，$\int_E |f_n| \, dx \to \int_E |f| \, dx$，此条件是否必要？请证明或举反例说明.

24. 探寻在单调前提下函数绝对连续的条件，此条件是否必要？请证明或举反例说明.

附　录

鉴于学时所限，同时为了培养学生自学能力，让学生通过学习"实变函数论"更多体会数学创新方法，本教材提供六个附录供学生自学，或供教师概略性地选讲.

附录1　引入了平移变换，经讨论发现平移变换保持集合外测度和可测性不变，然后证明了任意一个外测度为正的子集均可构造一个不可测子集.

附录2　引入了列导数概念，并以列导数为工具，证明了单调递增函数几乎处处存在导数.

附录3　针对经典测度下的 Eropob 定理、Lebesgue 定理和 Riesz 逆定理都有 $mE<+\infty$ 的条件局限，作者在 $mE=+\infty$ 的条件下探索了三定理仍然成立的充分必要条件.

附录4　作者从新视角探讨了 Lebesgue 积分与 Riemann 积分的关系，证明了任一可测集上可测函数的 Lebesgue 积分值都可以表示成直线上某一相关函数的 Rieman 积分值.

附录5　对可测集合、可测函数定义演变过程及其思路进行了较为细致的综述.

附录6　概略性介绍了抽象测度与关于抽象测度的积分理论，作为特例，介绍了 Lebesgue-Stiejes 外测度、Lebesgue-Stiejes 可测集、Lebesgue-Stiejes 不可测集、Lebesgue-Stiejes 可测函数、Lebesgue-Stiejes 积分.

附录1　不可测集的构造

为了通过实例构造说明不可测集合的普遍存在性，我们先引入平移变换，并讨论其外测度和可测性、测度的平移不变性.

定义1.1　设 $a=(a_1,a_2,\cdots,a_n)\in \mathbf{R}^n$，且 $E\subset \mathbf{R}^n$，称 $\tau_a: x\to x+a$ 为 $\mathbf{R}^n$ 上的 a 平移变换，$\tau_a E=\{x+a\mid x\in E\}$ 为 E 的 a 平移集.

对 $\mathbf{R}^2$、$\mathbf{R}^3$ 的情形，解析几何已证平移变换保持线段长短、线段间的角度大小、线段所围图形面积与体积不变，现针对一般的 $\mathbf{R}^n$ 中的任意集合证平移变换保持集合的外测度不变、从而保持可测性、测度不变.

定理1.1　对 $\forall E\subset \mathbf{R}^n$，有 $m^*E=m^*(\tau_a E)$，且 E 可测 $\Leftrightarrow \tau_a E$ 可测.

证明　1) 显然，对任何区间 I，$\tau_a I$ 仍为区间，且 $|I|=|\tau_a I|$，从而对任何

开集 G,$\tau_a G$ 仍为开集,且 $|G|=|\tau_a G|$.

对一般集合 E,当开集 $G \supset E$ 时,有 $\tau_a G \supset \tau_a E$,于是有
$$m^* E = \inf\{|G| \mid G \text{ 开},\text{ 且 } G \supset E\}$$
$$= \inf\{|\tau_a G| \mid G \text{ 开},\text{ 且 } \tau_a G \supset \tau_a E\} \geqslant m^*(\tau_a E)$$
同理 $m^*(\tau_a E) \geqslant m^*[\tau_{-a}(\tau_a E)] \geqslant m^* E$,其中 $-a = (-a_1, -a_2, \cdots, -a_n)$,故 $m^* E = m^*(\tau_a E)$.

2) 若 E 可测,则对 $\forall T$ 有
$$m^* T = m^*(T \cap E) + m^*(T \cap E^C)$$
从而对 $\forall T$ 有
$$m^*(\tau_a T) = m^*[\tau_a(T \cap E)] + m^*[\tau_a(T \cap E^C)]$$
又因为
$$\tau_a(T \cap E) = \tau_a T \cap \tau_a E,\ \tau_a(T \cap E^C) = \tau_a T \cap (\tau_a E)^C$$
故对 $\forall T$ 有
$$m^*(\tau_a T) = m^*[\tau_a T \cap \tau_a E] + m^*[\tau_a T \cap (\tau_a E)^C]$$
由于 T 的任意性保证了 $\tau_a T$ 可以取到任意集合,所以 $\tau_a E$ 是可测集.

3) 若 $\tau_a E$ 可测,则由 2) 知 $\tau_{-a}[\tau_a E] = E$ 可测.

证毕.

定理 1.2 $\mathbf{R}^n$ 任何一个外测度为正的集合 E 内都存在不可测子集 E_0.

证明 为了叙述方便,只证 $n=1$,$E=[0,1]$ 的特殊情形.

1) 将 $[0,1]$ 中所有数按下述标准进行分类,两数 x,y 当且仅当其差 $x-y$ 是有理数时归为同一类,记为 $x \in [y]$ 或 $y \in [x]$,即 $[x] = \{y \mid x-y \text{ 为有理数}\}$.

2) 若 $[x] \cap [y] \neq \varnothing$,则 $[x] = [y]$(事实上,因为 $[x] \cap [y] \neq \varnothing$,$\exists z \in [x] \cap [y]$,则 $(x-z)$,$(y-z)$ 均为有理数,且 $y-x = (y-z)+(z-x)$ 为有理数,故 $[x]=[y]$).

3) 在每一类集中取一个数且只取一个数作为代表组成一个集合 E_0,则 E_0 为不可测集. 现反证如下.

设 $[-1,1]$ 中有理数全体为 $r_1, r_2, \cdots, r_n, \cdots$,如果 E_0 是可测集,则

① $E_n = \tau_{r_n} E_0 (n=1, 2, \cdots)$ 可测,且互不相交.(事实上,由定理 1.1 知 E_n 可测,当 $n \neq m$ 时,若 $\exists z \in E_n \cap E_m$,则 $\exists x, y \in E_0$ 满足 $z = x+r_n = y+r_m$,故 $x-y = r_n - r_m \neq 0$,即 $x \in [y]$ 与 E_0 构造相矛盾.)

② $[0,1] \subseteq \bigcup_{n=1}^{\infty} E_n \subseteq [-1, 2]$.(后一个包含关系显然,只需证前一个包含关系. 对 $\forall z \in [0,1]$,$\exists x \in E_0$,$z \in [x]$,即 $\exists r_n$,使得 $z-x = r_n$,即

$$z = x + r_n \in E_n$$

故 $[0, 1] \subseteq \bigcup_{n=1}^{\infty} E_n$.)

③ 因为 $E_n(n = 1, 2, \cdots)$ 可测且互不相交，再结合 ② 得 $1 \leqslant \sum_{n=1}^{\infty} mE_n \leqslant 3$，由定理1.1知

$$mE_n = mE_0 (n = 1, 2, 3, \cdots)$$

如果 $mE_0 = 0$，则 $\sum_{n=1}^{\infty} mE_n = 0$，与 $1 \leqslant \sum_{n=1}^{\infty} mE_n$ 相矛盾；若 $mE_0 > 0$，则 $\sum_{n=1}^{\infty} mE_n = +\infty$ 与 $\sum_{n=1}^{\infty} mE_n \leqslant 3$ 相矛盾. 故 E_0 为不可测集.

其实，在任何一个外测度为正的子集内都可以仿照此法构造出不可测子集. 证毕.

附录2 单调函数的可微性证明

定义2.1 设若 $f(x)$ 是定义在 $[a, b]$ 上的有限函数，$x_0 \in [a, b]$，若
$$\exists h_n \to 0 (h_n \neq 0, x_0 + h_n \in [a, b])$$
使得
$$\lim_{n \to \infty} \frac{f(x + h_n) - f(x)}{h_n} = \lambda (这里 \lambda 既可以是有限数，又可以是 \pm \infty)$$

则称 λ 为 $f(x)$ 在 x_0 处相应于 $\{h_n\}$ 的列导数(或称为 $f(x)$ 在 x_0 点的一个列导数，有时又称 λ 为 $f(x)$ 在 x_0 点的一个导出数)，记成 $\lambda = D_{\{h_n\}} f(x_0)$（或简记为 $Df(x_0)$).

注2.1 函数在一点的列导数可以为多个值，若 $f(x)$ 在 x_0 点的一切列导数相等(不排除 $\pm \infty$)，则称 $f(x)$ 在 x_0 点可微(广义可微)，并称这个列导数的共同值为 $f(x)$ 在 x_0 点的导数，记作 $f'(x_0)$.

例2.1 考查函数 $f(x) = \begin{cases} \sin \dfrac{\pi}{x} & x \neq 0 \\ 0 & x = 0 \end{cases}$ 在 $x = 0$ 处的列导数情况.

解 对 $\forall \lambda \in (-\infty, +\infty)$ 取 $h_n = \dfrac{1}{2n + \dfrac{\lambda}{2n\pi}}$，则

$$\frac{f(h_n) - f(0)}{h_n} = \left[2n + \frac{\lambda}{2n\pi}\right] \sin \frac{\lambda}{2n}$$

$$\lim_{n\to\infty}\frac{f(h_n)-f(0)}{h_n}=\lim_{n\to\infty}\Big[2n+\frac{\lambda}{2n\pi}\Big]\sin\frac{\lambda}{2n}=\lim_{n\to\infty}\frac{\lambda}{2n}\Big[2n+\frac{\lambda}{2n\pi}\Big]=\lambda$$

对 $h_n=\dfrac{1}{2n+\dfrac{1}{2}}$ 有

$$\lim_{n\to\infty}\frac{f(h_n)-f(0)}{h_n}=\lim_{n\to\infty}\Big[2n+\frac{1}{2}\Big]\sin\frac{\pi}{2}=+\infty$$

对 $h_n=\dfrac{1}{2n-\dfrac{1}{2}}$ 有

$$\lim_{n\to\infty}\frac{f(h_n)-f(0)}{h_n}=\lim_{n\to\infty}\Big[2n-\frac{1}{2}\Big]\sin\Big(-\frac{\pi}{2}\Big)=-\infty$$

因此，$f(x)$ 在 $x=0$ 处可以取广义实数集 $[-\infty,+\infty]$ 中的任何值为列导数.

注 2.2 如果 $f(x)$ 在 x_0 处广义可微，则函数既有可能在 x_0 处连续，也有可能在 x_0 处不连续.

例 2.2 设 $f(x)=\begin{cases}\sqrt{x} & x>0\\ -\sqrt{-x} & x\leqslant 0\end{cases}$，对 $\forall h_n\to 0(h_n\neq 0)$ 使得

$$\lim_{n\to\infty}\frac{f(0+h_n)-f(0)}{h_n}=+\infty$$

即 $f'(0)=+\infty$，所以 $f(x)$ 在 $x=0$ 处广义可微，显然 $f(x)$ 在 $x=0$ 处连续.

例 2.3 设 $f(x)=\begin{cases}+1 & x>0\\ 0 & x=0\\ -1 & x<0\end{cases}$，则对 $\forall h_n\to 0(h_n\neq 0)$ 使得

$$\lim_{n\to\infty}\frac{f(0+h_n)-f(0)}{h_n}=+\infty$$

即 $f'(0)=+\infty$，所以 $f(x)$ 在 $x=0$ 处广义可微，但 $f(x)$ 在 $x=0$ 处间断.

定义 2.2 设 $E\subset\mathbf{R}^1$，$\mathfrak{A}=\{I\mid I\text{ 为闭区间，且 }|I|>0\}$，且 $\forall x\in E$，$\exists I_n\in\mathfrak{A}$ 使得 $x\in I_n$，$|I_n|\to 0(n\to+\infty)$，则称 $\mathfrak{A}$ 依 Vitali 意义覆盖 E.

$\mathfrak{A}$ 依 Vitali 意义覆盖 E 的直观含义是：闭区间族 $\mathfrak{A}$ 不仅覆盖集合 E 中每个点，更重要的是每个区间都被同时被无限个区间覆盖，且长度可以任意短.

引理 2.1 设 $E\subset\mathbf{R}^1$ 为有界集，$\mathfrak{A}$ 依 Vitali 意义覆盖 E，则可从 $\mathfrak{A}$ 中选出至多可数个互不相交的闭区间列 I_1，I_2，$\cdots$，使得 $m(E-\bigcup_n I_n)=0$，即 $\mathfrak{A}$ 依 Vitali 意义覆盖 E，则可从中选出至多可数个互不相交区间族"几乎处处"覆盖 E.

证明 设 $E\subset(a,b)$，由于 $\mathfrak{A}$ 依 Vitali 意义覆盖 E，则 $\mathfrak{A}$ 中去掉所有不含于

(a, b) 内的那些闭区间 I 后剩下的集族 $\mathfrak{A}_0$ 仍然依 Vitali 意义覆盖 E. 现用归纳法证明.

设 $a_0 = \sup\{|I| \,|\, I \in \mathfrak{A}_0\}$,则 $a_0 > 0$. 先从 $\mathfrak{A}_0$ 中任取一个闭区间 I_1,满足 $|I_1| > \dfrac{a_0}{2}$,如果 $m(E - I_1) = 0$,则引理得证;如果 $m(E - I_1) \neq 0$,则 $G_1 = (a, b) - I_1$ 为开集,令 $a_1 = \sup\{|I| \,|\, I \in \mathfrak{A}_0, I \subset G_1\}$,则 $a_1 > 0$. 先从 $\mathfrak{A}_0$ 中任取一个闭区间 I_2,满足 $I_2 \subset G_1$,$|I_2| > \dfrac{a_1}{2}$,则闭区间 I_1、I_2 互不相交.

如果 $m\left(E - \bigcup\limits_{k=1}^{2} I_k\right) = 0$,则引理得证;如果 $m\left(E - \bigcup\limits_{k=1}^{2} I_k\right) \neq 0$,则按上述办法继续进行.

一般地,设 $I_1, I_2, \cdots, I_n$ 是已经从 $\mathfrak{A}_0$ 中选出的互不相交的闭区间,如果 $m\left(E - \bigcup\limits_{k=1}^{n} I_k\right) = 0$,则引理得证;如果 $m\left(E - \bigcup\limits_{k=1}^{n} I_k\right) \neq 0$,则 $G_n = (a, b) - \bigcup\limits_{k=1}^{n} I_k$ 为开集.

令 $a_n = \sup\{|I| \,|\, I \in \mathfrak{A}_0, I \subset G_n\}$,则 $a_n > 0$,再从 $\mathfrak{A}_0$ 中任取一个闭区间 I_n,满足 $I_n \subset G_n$,$|I_n| > \dfrac{a_{n-1}}{2}$.

如果上述过程至有限步而终止,则引理得证. 否则,就得到一列互不相交的闭区间 $I_1, I_2, \cdots, I_n$ 由 $\bigcup\limits_{k=1}^{\infty} I_k \subset (a, b)$ 且 I_k 互不相交知

$$\sum_{k=i}^{\infty} |I_k| \leqslant (b - a) < +\infty$$

所以 $\sum\limits_{k=i}^{\infty} |I_k| \xrightarrow{i \to +\infty} 0$.

现证 $m\left(E - \bigcup\limits_{k=1}^{\infty} I_k\right) = 0$,作 D_k 满足与 I_k 相同的中点且 $|D_k| = 5|I_k|$.

如果能证明对 $\forall i$ 有

$$E - \bigcup_{k=1}^{\infty} I_k \subset \bigcup_{k=i}^{\infty} D_k \tag{1}$$

则

$$0 \leqslant m\left(E - \bigcup_{k=1}^{\infty} I_k\right) \leqslant m\left(\bigcup_{k=1}^{\infty} D_k\right) \leqslant \sum_{k=i}^{\infty} |D_k| = \sum_{k=i}^{\infty} 5|I_k| \xrightarrow{i \to +\infty} 0$$

从而引理得证.

事实上,对 $\forall x \in E - \bigcup\limits_{k=1}^{\infty} I_k$ 及对 $\forall i$,$\exists I \in \mathfrak{A}_0$,且 $x \in I$,$I \subset G_i$,则 $\exists n > i$,$I \not\subset G_n$(否则,对 $\forall n$ 有 $G_n \supset I$,$0 \leqslant |I| \leqslant a_n < 2|I_n| \to 0$,从而

$|I|=0$，矛盾). 用 n_0 表示满足 $I \not\subset G_n$ 且 $n \geqslant i$ 的最小 n，即

$$I \subset G_{n_0-1} = (a, b) - \bigcup_{k=1}^{n_0-1} I_k, \quad I \not\subset G_{n_0} = (a, b) - \bigcup_{k=1}^{n_0} I_k$$

于是 $I \cap I_{n_0} \neq \varnothing$ 且 $\leqslant |I| \leqslant a_{n_0-1} < 2|I_{n_0}|$，从而 $I \subset D_{n_0}$，即 $x \in I \subset D_{n_0}$，故 $E - \bigcup_{k=1}^{\infty} I_k \subset \bigcup_{k=i}^{\infty} D_k$.

证毕.

推论 2.1 设 $E \subset \mathbf{R}^1$ 为有界集，$\mathfrak{A}$ 依 Vitali 意义覆盖 E，则对 $\forall \varepsilon > 0$，可从 $\mathfrak{A}$ 中选出有限个互不相交的闭区间 $I_1, I_2, \cdots$ 使得 $m\left(E - \bigcup_{k=1}^{n} I_k\right) < \varepsilon$，即 $\mathfrak{A}$ 依 Vitali 意义覆盖 E，则可从中选出有限个互不相交区间族"基本上"覆盖 E.

证明 由引理 2.1 知，存在至多可数个互不相交的闭区间列 $I_1, I_2, \cdots$ 使得 $m\left(E - \bigcup_{n} I_n\right) = 0$. 又因为 $\sum_{k=i}^{\infty} |I_k| \to 0 (i \to \infty)$，所以对

$$\forall \varepsilon > 0, \exists i_0, m\left(\bigcup_{k=i_0}^{\infty} I_k\right) \leqslant \sum_{k=i_0}^{\infty} |I_k| < \varepsilon$$

故 $m\left(E - \bigcup_{k=1}^{i_0} I_k\right) \leqslant m\left(E - \bigcup_{k=1}^{\infty} I_k\right) + m\left(\bigcup_{k=i_0+1}^{\infty} I_k\right) < \varepsilon$

证毕.

引理 2.2 设 $f(x)$ 在 $[a, b]$ 上严格单调增. 对 $\forall p \geqslant 0$，令

$$E = \{x \mid x \in [a, b], 且 \exists 一个列导数 D_{\{h_n\}} f(x_0) \leqslant p\}$$

则 $m^* f(E) \leqslant p m^* E$，其中 $f(E) = \{f(x) \mid x \in E\}$.

证明 对 $\forall \varepsilon > 0$，$\exists$ 开集 $G \supset E$，$mG < m^* E + \varepsilon$. 任取常数 $P_0 > P$ 及 $\forall x_0 \in E$，由列导数定义知

$$\exists h_n \to 0 (h_n \neq 0, x_0 + h_n \in [a, b])$$

使得

$$\lim_{n \to \infty} \frac{f(x_0 + h_n) - f(x_0)}{h_n} = D_{\{h_n\}} f(x_0) \leqslant p < p_0$$

当 $h_n > 0$ 时，记

$$I_n(x_0) = [x_0, x_0 + h_n], \quad \Delta_n(x_0) = [f(x_0), f(x_0 + h_n)]$$

当 $h_n < 0$ 时，记

$$I_n(x_0) = [x_0 + h_n, x_0], \quad \Delta_n(x_0) = [f(x_0 + h_n), f(x_0)]$$

由于 $f(x)$ 在 $[a, b]$ 上严格单调增，故

$$m(\Delta_n(x_0)) > 0, \text{且 } f(I_n(x_0)) \subset \Delta_n(x_0)$$

既然 $m(I_n(x_0)) \to 0 (n \to \infty)$，且 G 为开集，故 $\exists N_{x_0}$，当 $n > N_{x_0}$ 时，有

$$I_n(x_0) \subset G, \frac{f(x_0 + h_n) - f(x_0)}{h_n} < p_0$$

即 $m(\Delta_n(x_0)) < p_0 m(I_n(x_0))$.

又因为 $m(I_n(x_0)) \to 0 (n \to \infty)$，故闭区间集族 $\mathfrak{A}_0 = \{\Delta_n(x_0) \mid x_0 \in E, n > N_{x_0}\}$，依 Vitali 意义覆盖 $f(E)$. 由引理 2.1 知：存在互不相交的区间 $\Delta_{n_i}(x_i)$，使得

$$m\Big[f(E) - \bigcup_i \Delta_{n_i}(x_i)\Big] = 0$$

从而有

$$m^* f(E) \leqslant \sum_{i=1}^{\infty} m(\Delta_{n_i}(x_i)) < p_0 \sum_{i=1}^{\infty} m(I_{n_i}(x_i))$$

$$= p_0 m\Big(\bigcup_i I_{n_i}(x_i)\Big) \bigcup_i I_{n_i}(x_i) \subset G$$

故

$$m^* f(E) < p_0 mG < p_0 (m^* E + \varepsilon)$$

令 $\varepsilon \to 0$，$p_0 \to p$，得 $m^* f(E) \leqslant p m^* E$.

证毕.

同理可证下述命题.

引理 2.3 设 $f(x)$ 在 $[a, b]$ 上严格单调增，对 $\forall q \geqslant 0$，令 $E = \{x \mid x \in [a, b]$，且 $\exists$ 一个列导数 $D_{\{h_n\}} f(x_0) \geqslant q\}$，则 $m^* f(E) \geqslant q m^* E$.

定理 2.1 设 $f(x)$ 是 $[a, b]$ 上的单调函数，则 f 在 $[a, b]$ 上几乎处处存在有限导数.

证明 只证 $f(x)$ 在 $[a, b]$ 上单调增的情形. 不妨设 $f(x)$ 严格单调增，否则考虑与 $f(x)$ 有相同有限可微点的函数 $f(x) + x$ 即可.

1) 记 $E_1 = \{x \mid x \in [a, b]$，$f$ 在 x 处至少有两个不同的列导数 $\}$，则对任意二正有理数 $p < q$，令 $E_{p, q} = \{x \mid x \in [a, b], \exists D_{\{h_n\}} f(x_0) \leqslant p < q \leqslant D_{\{h_n'\}} f(x_0)\} E_1 = \bigcup_{p, q} E_{p, q}$，将引理 2.2 和引理 2.3 相结合知

$$q m^* E_{p, q} \leqslant m^* f(E_{p, q}) \leqslant p m^* E_{p, q}$$

故 $m^* E_{p, q} = 0$，即 $m^* E_1 = 0$.

2) 记

$$E_2 = \{x \mid x \in [a, b], Df(x_0) = +\infty\}$$

则对 $\forall M$，$\exists \{h_n'\}$，$D_{\{h_n'\}} f(x_0) = +\infty > M$，于是

$$f(b) - f(a) \geqslant m^*f(E_2) \geqslant Mm^*E_2$$

故 $m^*E_2 = 0$.

因此，f 在 $[a,b] - E_1 - E_2$ 上处处可微，即 f 在 $[a,b]$ 上几乎处处存在有限导数. 证毕.

推论 2.2 设 $f(x)$ 是 $[a,b]$ 上的可以分解成有限个或至多可数个区间上单调，则 f 在 $[a,b]$ 上几乎处处存在有限导数.

推论 2.3 设 $f(x)$ 是 $[a,b]$ 上的可以分解成有限个或至多可数个单调函数之和、差，则 f 在 $[a,b]$ 上几乎存在有限导数. 特别地，$f(x)$ 是 $[a,b]$ 上的有界变差函数或绝对连续函数时几乎处处可导.

附录 3 任意测度下的 Eropob 定理、Lebesgue 定理和 Riesz 逆定理

众所周知，Eropob 定理、Lebesgue 定理和 Riesz 逆定理讨论了几乎处处收敛与近一致收敛、依测度收敛三者之间的相互关系. 但有一个共同的限制条件 $mE < +\infty$ 限制，这使得判断是否近一致收敛、是否依测度收敛受到了局限.

然而对于 $mE = +\infty$ 的情形，既不能确保这些关系的成立，也不排除这些关系的成立.

例 3.1 $f_n(x) = \begin{cases} 1 & x \in (0, n] \\ 0 & x \in (n, +\infty) \end{cases}$，显然有 $f_n(x) \to f(x) \equiv 1$ 于 $E = (0, +\infty)$.

对 $\forall \sigma \in (0, 1)$ 有 $mE[|f_n(x) - 1| \geqslant \sigma] = m(n, +\infty) = +\infty \nrightarrow 0$，故 $f_n(x) \nRightarrow 1$ 于 E. 说明在 $mE = +\infty$ 时，几乎处处收敛无法确保依测度收敛，这不仅说明了 Riesz 定理的逆定理有可能不成立，同时也说明此时 Eropob 定理不再成立，否则由定理 2.5.4 之 2) 知：近一致收敛必然依测度收敛，矛盾.

例 3.2 $f_n(x) = \begin{cases} \dfrac{1}{n} & x \in (0, n] \\ 0 & x \in (n, +\infty) \end{cases}$，显然有 $f_n(x) \xrightarrow{u} f(x) \equiv 0$ 于 $E = (0, +\infty)$，从而 $f_n(x) \xrightarrow{u} f(x) = 0$ 于 E，于是更有 $f_n(x) \xrightarrow{a.u} 0$，$f_n(x) \Rightarrow 0$ 于 E.

说明在 $mE = +\infty$ 时，对一些特殊的几乎处处收敛既不排斥近一致收敛，也不排斥依测度收敛. 也就是说，当 $mE = +\infty$ 时，并不一概排斥 Eropob 定理、Lebesgue 定理和 Riesz 逆定理的结论.

因此，探讨恰如其分的判别条件既可用于肯定、又可用于否定是否近一致收敛或依测度收敛，无疑是值得研究的课题.

本书获得了分别保证近一致收敛和依测度收敛的充分必要条件，得到了任意测度下的 Eropob 定理、Lebesgue 定理和 Riesz 逆定理.

定理 3.1 设 $f(x)$、$f_n(x)(n=1,2,\cdots)$ 为在 E 上几乎处处有限的可测函数，则 $f_n(x) \xrightarrow{a.u} f(x)$ 于 $E \Leftrightarrow$ 对 $\forall \frac{1}{k}$，$\exists N_k$，$m \bigcup\limits_{n=N_k}^{\infty} E\left[\,|f_n-f| \geq \frac{1}{k}\,\right] < +\infty$，且 $f_n(x) \xrightarrow{a.e} f(x)$ 于 E.

证明 "$\Leftarrow$" 由例 1.1.11 的式（1）可知

$$E[f_n \not\to f] = \bigcup_{k=1}^{\infty} \bigcap_{N=1}^{\infty} \bigcup_{n=N}^{\infty} E\left[\,|f_n-f| \geq \frac{1}{k}\,\right]$$

由于已知对 $\forall \frac{1}{k}$，$\exists N_k$，$m \bigcup\limits_{n=N_k}^{\infty} E\left[\,|f_n-f| \geq \frac{1}{k}\,\right] < +\infty$，由内极限定理得到关键式：$\lim\limits_{N \to \infty} m \bigcup\limits_{n=N}^{\infty} E\left[\,|f_n-f| \geq \frac{1}{k}\,\right] = 0$. 于是将 Eropob 定理的此后部分一字不差地抄过来即可完成证明.

"$\Rightarrow$" 因为 $f_n(x) \xrightarrow{a.u} f(x)$ 于 E，对 $\forall \delta > 0$，$\exists$ 可测集 $F_\delta \subset E$ 满足 $m(E-F_\delta) < \delta$，$f_n(x) \xrightarrow{u} f(x)$ 于 F，即对 $\forall \frac{1}{k}$，$\exists N_k$，当 $n \geq N_k$ 时恒有 $|f_n(x)-f(x)| < \frac{1}{k}(\forall x \in F_\delta)$，即 $E\left[\,|f_n-f| \geq \frac{1}{k}\,\right] \subset (E-F_\delta)$，故有 $m \bigcup\limits_{n=N_k}^{\infty} E\left[\,|f_n-f| \geq \frac{1}{k}\,\right] \leq m(E-F_\delta) < \delta < +\infty$.

定理 3.1 说明两点：①Eropob 定理的逆定理并不受条件 $mE < +\infty$ 的约束；②Eropob 定理去掉 $mE < +\infty$ 限制后，"对 $\forall \frac{1}{k}$，$\exists N_k$，$m \bigcup\limits_{n=N_k}^{\infty} E\left[\,|f_n-f| \geq \frac{1}{k}\,\right] < +\infty$" 是既充分又必要的，即获得了近一致收敛的本质特征.

定理 3.2 设 $f(x)$、$f_n(x)(n=1,2,\cdots)$ 为在 E 上几乎处处有限的可测函数，则 $f_n(x) \Rightarrow f(x)$ 于 $E \Leftrightarrow$ 对任意子列 $f_{n_i}(x)$ 都 $\exists$ 该子列的子列 $f_{n_{i_j}}(x)$ 满足 $f_{n_{i_j}}(x) \xrightarrow{a.e} f(x)$，且对 $\forall \frac{1}{k}$，$\exists j_k$，$m \bigcup\limits_{j=j_k}^{\infty} E\left[\,|f_{n_{ij}}-f| \geq \frac{1}{k}\,\right] < +\infty$.

证明 "$\Leftarrow$" 因为对任意子列 $f_{n_i}(x)$ $\exists$ 该子列的子列 $f_{n_{i_j}}(x)$ 满足对 $\forall \frac{1}{k}$，

$\exists j_k$, $m \bigcup_{j=j_k}^{\infty} E\left[\mid f_{n_{i_j}} - f \mid \geqslant \frac{1}{k}\right] < +\infty$. 由例 1.1.11 的式 (1) 可知

$$E[f_{n_{i_j}} \nrightarrow f] = \bigcup_{k=1}^{\infty} \bigcap_{m=1}^{\infty} \bigcup_{j=m}^{\infty} E\left[\mid f_{n_{i_j}} - f \mid \geqslant \frac{1}{k}\right]$$

因为 $f_n(x) \xrightarrow{a.e} f(x)$ 于 E, 所以 $mE[f_{n_{i_j}} \nrightarrow f] = 0$, 对 $\forall \sigma > 0$, $\exists \frac{1}{k} < \sigma$, $m \bigcap_{m=1}^{\infty} \bigcup_{j=m}^{\infty} E\left[\mid f_{n_{i_j}} - f \mid \geqslant \frac{1}{k}\right] = 0$. 已知 $\exists j_k$, $m \bigcup_{j=j_k}^{\infty} E\left[\mid f_{n_{i_j}} - f \mid \geqslant \frac{1}{k}\right] < +\infty$, 由内极限定理知: $\lim_{n_{i_m} \to \infty} m \bigcup_{j=m}^{\infty} E\left[\mid f_{n_{i_j}} - f \mid \geqslant \frac{1}{k}\right] = 0$.

$$0 \leqslant mE[\mid f_{n_{i_m}} - f \mid \geqslant \sigma] \leqslant mE\left[\mid f_{n_{i_m}} - f \mid \geqslant \frac{1}{k}\right] \leqslant m \bigcup_{j=m}^{\infty} E\left[\mid f_{n_{i_j}} - f \mid \geqslant \frac{1}{k}\right] \to 0$$

$$0 \leqslant \lim_{m \to \infty} mE[\mid f_{n_{i_m}} - f \mid \geqslant \sigma] \leqslant \lim_{m \to \infty} mE\left[\mid f_{n_{i_m}} - f \mid \geqslant \frac{1}{k}\right]$$

$$\leqslant \lim_{m \to \infty} m \bigcup_{j=m}^{\infty} E\left[\mid f_{n_{i_j}} - f \mid \geqslant \frac{1}{k}\right] = 0$$

即对 $mE[\mid f_n - f \mid \geqslant \sigma]$ 中任意子列 $mE[\mid f_{n_i} - f \mid \geqslant \sigma]$, $\exists$ 该子列的子列 $mE[\mid f_{n_{i_j}} - f \mid \geqslant \sigma] \to 0$, 所以 $mE[\mid f_n - f \mid \geqslant \sigma] \to 0$, 故 $f_n(x) \Rightarrow f(x)$ 于 E.

"$\Rightarrow$" 因为 $f_n(x) \Rightarrow f(x)$, 所以 $f_{n_i}(x) \Rightarrow f(x)$, 对 $\forall \frac{1}{k}$, 按 Riesz 定理证明过程的构造方法, 可选取 $f_{n_{i_j}}(x)$ 满足 $mE\left[\mid f_{n_{i_j}} - f \mid \geqslant \frac{1}{j}\right] < \frac{1}{2^j}$, 于是对 $\forall k > 0$, 当 $j \geqslant k$ 时, $\frac{1}{j} \leqslant \frac{1}{k}$ 满足:

$$m \bigcup_{j=j_k}^{\infty} E\left[\mid f_{n_{i_j}} - f \mid \geqslant \frac{1}{k}\right] \leqslant \sum_{j=j_k}^{\infty} E\left[\mid f_{n_{i_j}} - f \mid \geqslant \frac{1}{j}\right] < \sum_{j=j_k}^{\infty} \frac{1}{2^j} < +\infty$$

且 $f_{n_{i_j}}(x) \xrightarrow{a.e} f(x)$.

定理 3.2 说明: 尽管 Riesz 定理并不受条件 $mE < +\infty$ 的约束, 但要其逆定理成立必须加上"对 $\forall \frac{1}{k}$, $\exists j_k$, $m \bigcup_{j=j_k}^{\infty} E\left[\mid f_{n_{i_j}} - f \mid \geqslant \frac{1}{k}\right] < +\infty$". 该条件既充分又必要, 获得了 Riesz 定理之逆定理的一般形式, 即依测度收敛的本质特征.

推论 3.1 设 $f(x)$、$f_n(x)$ ($n = 1, 2, \cdots$) 为在 E 上几乎处处有限的可测函数, 且满足

1) $f_n(x) \xrightarrow{a.e} f(x)$;

2) 对任意子列 $f_{n_i}(x)$ $\exists$ 该子列的子列 $f_{n_{i_j}}(x)$ 满足对 $\forall \frac{1}{k}$, $\exists j_k$,

$$m \bigcup_{j=j_k}^{\infty} E\left[|f_{n_{i_j}} - f| \geqslant \frac{1}{k} \right] < +\infty, \text{ 则 } f_n(x) \Rightarrow f(x) \text{ 于 } E.$$

证明 因为 $f_n(x) \xrightarrow{a.e} f(x)$，任意子列 $f_{n_i}(x)$ 的任何子列 $f_{n_{i_j}}(x)$ 都无一例外地满足 $f_{n_{i_j}}(x) \xrightarrow{a.e} f(x)$，再结合条件 2) 直接由定理 3.1 之必要性即得.

推论 3.2 就是 Lebesgue 定理去掉条件 $mE < +\infty$ 后的一般形式.

例 3.3 若 $f_n(x)$ 为可测集 E 上的可测函数列，存在 E 上可积函数 $F(x)$ 满足 $\exists N$，当 $N \geqslant n$ 时有：$|f_n(x)| \leqslant F(x)$，且 $f_n(x) \xrightarrow{a.e} f(x)$ 于 E，则 $f_n(x) \xrightarrow{a.u} f(x)$ 于 E 且 $f_n(x) \Rightarrow f(x)$ 于 E.

证明 因为 $\exists N$，当 $N \geqslant n$ 时，有 $|f_n(x)| \leqslant F(x)$，所以 $|f_n(x) - f(x)| \leqslant 2F(x)$，于是 $E[|f_n - f| \geqslant \sigma] \subseteq E\left[F \geqslant \dfrac{\sigma}{2}\right]$，从而 $\bigcup_{n=N}^{+\infty} E[|f_n - f| \geqslant \sigma] \subseteq E\left[F \geqslant \dfrac{\sigma}{2}\right]$. 又因为 $F(x)$ 在 E 上可积，$m \bigcup_{n=N}^{+\infty} E[|f_n - f| \geqslant \sigma] \leqslant mE\left[F \geqslant \dfrac{\sigma}{2}\right] < +\infty$，由定理 3.1 知 $f_n(x) \xrightarrow{a.u} f(x)$ 于 E，由推论 3.1 知 $f_n(x) \Rightarrow f(x)$ 于 E. 证毕.

附录 4 从新视角看 Lebesgue 积分与 Riemann 积分的关系

由定理 3.3.1 知，有界函数 $f(x)$ 在有界区间 $[a, b]$ 上 Riemann 可积一定 Lebesgue 可积，且积分值相等，即

$$(L)\int_{[a, b]} f \mathrm{d}x = (R)\int_a^b f \mathrm{d}x$$

对无穷区间 (R) 广义积分或无界函数的 (R) 瑕积分而言，由定理 3.3.2 和定理 3.3.3 知 f(R) 绝对可积的充分必要条件是 f(L) 可积，且

$$(L)\int_{[a, +\infty)} f \mathrm{d}x = (R)\int_a^{+\infty} f \mathrm{d}x, \quad (L)\int_{[a, b]} f \mathrm{d}x = \lim_{\varepsilon \to 0}(R)\int_{a+\varepsilon}^b f \mathrm{d}x$$

反过来，在一般情况下，f Lebesgue 可积时不一定 Riemann 可积，如 Dirichlet 函数

$$D(x) = \begin{cases} 0 & x \text{ 为 } [0, 1] \text{ 中无理数} \\ 1 & x \text{ 为 } [0, 1] \text{ 中有理数} \end{cases}$$

就只是 Lebesgue 可积，不是 Riemann 可积.

此处研究一般集合上定义的一般函数的 Lebesgue 积分，当然该函数本身不一定 Riemann 可积，但无论 E 的测度是否有限，均可以另外构造两个相关的 Riemann 可积函数 $l(y)$、$w(y)$ 分别在 $(0, +\infty)$，$(-\infty, +\infty)$ 上的 Riemann 积分恰好为 f 在 E 上的 Lebesgue 积分，令

$$g(y) = mE[f \geqslant y], \quad h(y) = mE[f^- \geqslant y], \quad l(y) = g(y) - h(y)$$

则 $g(y)$、$h(y)$ 满足：

1) 如果函数 $f(x)$ 有界且 $|f(x)| \leqslant M$，则有

$$(L)\int_E f^+ dx = (R)\int_0^M g(y)dy, \quad (L)\int_E f^- dx = (R)\int_0^M h(y)dy$$

2) 如果函数 $f(x)$ 无界，则有

$$(L)\int_E f^+ dx = (R)\int_0^{+\infty} g(y)dy, \quad (L)\int_E f^- dx = (R)\int_0^{+\infty} h(y)dy$$

$$(L)\int_E f(x)dx = (R)\int_0^{+\infty} l(y)dy$$

定理 4.1 设 $f(x)$ 在 E 上 Lebesgue 非负可积，则

① $g(y) = mE[f \geqslant y]$ 在 $(0, +\infty)$ 上处处有限，单调递减，从而在 $\forall [\alpha, \beta] \subset (0, +\infty)$ 上 Riemann 可积；

② $(L)\int_E f dx = (R)\int_0^{+\infty} g(y)dy = (R)\int_0^{+\infty} mE[f \geqslant y]dy$.

证明 ① 因为 $f(x)$ 在 E 上 Lebesgue 非负可积，所以对任意 $\forall y \in (0, +\infty)$，$g(y) = mE[f \geqslant y] < +\infty$. 否则，$(L)\int_E f dx \geqslant \int_{E[f \geqslant y]} f dx \geqslant y \times (+\infty) = +\infty$，矛盾. 从而 $g(y)$ 在 $\forall [\alpha, \beta] \subset (0, +\infty)$ 上有限单调递减，由第一章习题 13 知，$g(y)$ 在 $[\alpha, \beta]$ 内几乎处连续，由定理 3.3.4 知 $g(y)$ 在 $\forall [\alpha, \beta]$ 上 Riemann 可积.

② 由第三章第一节图 3.3 所示的 Lebesgue 积分几何意义已经获得

$$(L)\int_E f dx = \lim_{n \to \infty} \sum_{i=1}^{n2^n} \frac{1}{2^n} mE\left[f \geqslant \frac{i}{2^n}\right]$$

于是我们分四种情况证明.

① 当 $mE < +\infty$，$f(x)$ 在 E 上有界时，如果我们对和式 $\lim_{n \to \infty} \sum_{i=1}^{n2^n} \frac{1}{2^n} mE\left[f \geqslant \frac{i}{2^n}\right]$ 换一个角度看，令 $g(y) = mE[f \geqslant y]$，则 $\frac{1}{2^n}$ 是值域区间 $[0, M]$ 的等份长度，$mE\left[f \geqslant \frac{i}{2^n}\right]$ 是 $g(y)$ 在 $\left[\frac{i-1}{2^n}, \frac{i}{2^n}\right]$ 内的函数值. 由于 $g(y) = mE[f \geqslant y]$ 在 $[0,$

M] 上单调递减，且 $g(x) = 0$，$\forall x \geq M$. 从而 $g(y)$ 在 $[0, M]$ 上 Riemann 可积，且 $\lim\limits_{n\to\infty}\sum\limits_{i=1}^{n2^n}\frac{1}{2^n}mE\left[f\geq\frac{i}{2^n}\right] = \lim\limits_{n\to\infty}\sum\limits_{i=1}^{[M2^n]+1}\frac{1}{2^n}mE\left[f\geq\frac{i}{2^n}\right]$（因为当 $i \geq [M2^n] + 1$ 时，$g\left(\frac{i}{2^n}\right) = mE\left[f\geq\frac{i}{2^n}\right] = 0$）刚好是 $g(y)$ 在 $[0, M]$ 上的 Riemann 积分，且
$$(L)\int_E f\,dx = (R)\int_0^M g(y)\,dy.$$

② 当 $mE < +\infty$，$f(x)$ 在 E 上无界时，则 $g(y) = mE[f \geq y]$ 在 $[0, +\infty)$ 上有限单调下降，从而对任意 $M > 0$，$g(y)$ 在 $[0, M]$ 上 Riemann 可积，记 $E_M = E[f \leq M]$，则 $E_M \subset E$；令 $g_M(y) = mE_M[f \geq y]$，则在 $[0, M]$ 上 Riemann 可积，且由 $g_M(y) \leq g(y)$ 知 $(R)\int_0^M g_M(y)\,dy \leq (R)\int_0^M g(y)\,dy$，于是

$$\left|(L)\int_E f\,dx - (R)\int_0^M g(y)\,dy\right| \leq \left|(L)\int_E f\,dx - (R)\int_0^M g_M(y)\,dy\right|$$
$$= \left|(L)\int_E f\,dx - (L)\int_{E_M} f(x)\,dx\right|$$
$$= \left|(L)\int_{E[f \geq M]} f\,dx\right| \to 0 \text{ （推论 3.3.1）}$$

即 $g(y) = mE[f \geq y]$ 在 $[0, +\infty)$ 上 (R) 无穷区间可积，且
$$(L)\int_E f\,dx = (R)\int_0^{+\infty} g(y)\,dy$$

③ 当 $mE = +\infty$，$f(x)$ 在 E 上有界时，若 $mE[f > 0] < +\infty$，与 ② 同理可证，不妨假定 $mE[f > 0] = +\infty$，则由内极限定理知 $mE[f > 0] = \lim\limits_{n\to\infty}mE\left[f \geq \frac{1}{2^n}\right] = +\infty$，即 $\lim\limits_{y\to 0}g(y) = \lim\limits_{y\to 0}mE[f \geq y] = +\infty$，故 $y = 0$ 是瑕点.

因为 $f(x)$ 在 E 上有界，所以 $\exists M > 0$，$f(x) \leq M$.
$$(L)\int_E f\,dx = \lim\limits_{k\to\infty}(L)\int_{E[f\geq\frac{1}{k}]}f\,dx = \lim\limits_{k\to\infty}(R)\int_{\frac{1}{k}}^M g(y)\,dy = (R)\int_0^M g(y)\,dy$$

④ 当 $mE = +\infty$，$f(x)$ 在 E 上无界时，将 E 分解为
$$E = E[0 \leq f < 1] \cup E[1 \leq f < +\infty]$$
由 ② 得 $(L)\int_{E[1\leq f<+\infty]}f\,dx = \int_1^{+\infty}g(y)\,dy$，由 ③ 得 $(L)\int_{E[0\leq f<1]}f\,dx = \int_0^1 g(y)\,dy$，故
$$(L)\int_E f\,dx = (R)\int_0^{+\infty}g(y)\,dy = (R)\int_0^{+\infty}mE[f\geq y]\,dy$$

证毕.

定理 4.2 设 $f(x)$ 在 E 上 Lebesgue 可积,则存在 $(0,+\infty)$ 两单调递减函数 $g(y)=mE[f\geqslant y]$,$h(y)=mE[-f\geqslant y]$ 之差 $l(y)=g(y)-h(y)$ 满足:
$$(L)\int_E f\mathrm{d}x=(R)\int_0^{+\infty}l(y)\mathrm{d}y.$$

证明 由 Lebesgue 积分定义,结合定理 4.1 知,对非负函数 f^+、f^- 满足

$$(L)\int_E f^+\mathrm{d}x=(R)\int_0^{+\infty}mE[f^+\geqslant y]\mathrm{d}y=(R)\int_0^{+\infty}mE[f\geqslant y]\mathrm{d}y$$

$$(L)\int_E f^-\mathrm{d}x=(R)\int_0^{+\infty}mE[f^-\geqslant y]\mathrm{d}y=(R)\int_0^{+\infty}mE[-f\geqslant y]\mathrm{d}y$$

即

$$\begin{aligned}(L)\int_E f\mathrm{d}x &= (L)\int_E f^+\mathrm{d}x - (L)\int_E f^-\mathrm{d}x \\ &= (R)\int_0^{+\infty}mE[f^+\geqslant y]\mathrm{d}y - (R)\int_0^{+\infty}mE[f^-\geqslant y]\mathrm{d}y \\ &= (R)\int_0^{+\infty}\{mE[f^+\geqslant y]-mE[f^-\geqslant y]\}\mathrm{d}y \\ &= (R)\int_0^{+\infty}\{mE[f\geqslant y]-mE[-f\geqslant y]\}\mathrm{d}y \\ &= (R)\int_0^{+\infty}l(y)\mathrm{d}y\end{aligned}$$

证毕.

尽管对一般函数而言,f 的定义域不一定是一维空间的子集,更不一定是区间、半直线、直线,即使是直线上定义的 Lebesgue 可积函数也不一定 Riemann 可积,但始终可以表示成两个在 $(0,+\infty)$ 上的单调递减函数之差的 Riemann 积分,或一个分别在 $(-\infty,0)$ 和 $(0,+\infty)$ 上的单调减函数的 Riemann 积分. 尤其值得关注的是,利用本附录结果可以将多元函数的 Lebesgue 积分表示成某个一元函数的 Riemann 积分. 这便从新视角揭示了 Lebesgue 积分与 Riemann 积分的关系.

附录 5 可测集合、可测函数定义演变过程追踪

Lebesgue 积分从分割值域入手,$(L)\int_{[a,b]}f(x)\mathrm{d}x=\lim_{\delta\to 0}\sum_{i=1}^n f(\xi_i)mE_i$,其中 $\xi_i\in E_i=E[y_{i-1}\leqslant f<y_i]$,于是如何求不规则性集合 $E[y_{i-1}\leqslant f<y_i]$ 的长度(面积、体积)$mE[y_{i-1}\leqslant f<y_i]$ 成了解决问题的关键.

1) 在 Lebesgue 之前的几种求不规则图形面积的方法对 Lebesgue 可测集及测

度定义影响较大.

① 源于圆面积公式推导的启示.

外切正 n 边形的面积(外包)，如附图1所示；内接正 n 边形的面积(内填)，如附图2所示.

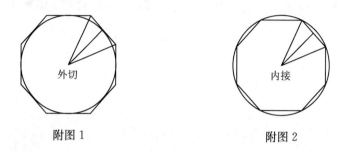

附图1　　　　　　　　附图2

$$S_{外切} = 2R\tan\frac{2\pi}{2n} \cdot R = \pi \cdot \frac{\sin\frac{\pi}{n}}{\frac{\pi}{n}} \cdot \frac{1}{\cos\frac{\pi}{n}} \cdot R^2 \to \pi R^2 \ (n \to \infty)$$

$$S_{内接} = n \cdot \frac{1}{2} \cdot 2R\sin\frac{2\pi}{2n} \cdot R\cos\frac{2\pi}{2n} = \pi \cdot \frac{\sin\frac{2\pi}{n}}{\frac{2\pi}{n}} \cdot R^2 \to \pi R^2 \ (n \to \infty)$$

$S_{外切} - S_{内接} \to 0$，即由外包向内挤压、由内填向外膨胀的结果完全一致，于是我们将由外包向内挤压、由内填向外膨胀的共同结果称为圆面积.

② 源于 Jordan 测度的启示.

Jordan 外测度：$(m^*E)_J = \inf\{\sum_{i=1}^{n}|I_i|: E \subset \bigcup_{i=1}^{n}I_i \text{ 且 } I_i \text{ 为开区间}\}$（外包，允许相交，有多无少！取最小为宜，但最小者可能不存在，于是取下确界）.

Jordan 内测度：$(m_*E)_J = \sup\{\sum_{i=1}^{n}|I_i|: \bigcup_{i=1}^{n}I_i \subset E \text{ 且 } I_i \text{ 为两两不交的开区间}\}$（内填，不准相交，有少无多！取最大为宜，但最大者可能不存在，于是取上确界）.

Jordan 可测：如果 $(m^*E)_J = (m_*E)_J$，称此值为 Jordan 测度.

③ 源于 Riemann 上积分与下 Riemann 下积分的启示.

Riemann 上积分是达布上和的极限：$\overline{\int_a^b} f(x)\mathrm{d}x = \lim_{\|T\|\to 0}\sum_{i=1}^{n}M_i\Delta x_i$，其中 $\Delta x_i = x_i - x_{i-1}$，$M_i = \sup\{f(x) \mid x \in (x_{i-1}, x_i)]\}$，$i = 1, 2, \cdots, n$. 达布上和正是通过有限块矩形之并对曲边体形的外包，如附图3所示.

Riemann 下积分是达布下和的极限:$\int_{\underline{a}}^{b} f(x) \mathrm{d}x = \lim_{\|T\| \to 0} \sum_{i=1}^{n} m_i \Delta x_i$,其中 $m_i = \inf\{f(x) \mid x \in (x_{i-1}, x_i)]\}$,$i = 1, 2, \cdots, n$. 达布下和正是通过有限块矩形之并对曲边体形的内填,如附图 4 所示.

Riemann 可积:如果 $\overline{\int_a^b} f(x) \mathrm{d}x = \int_{\underline{a}}^{b} f(x) \mathrm{d}x$,称此值为 Riemann 积分值.

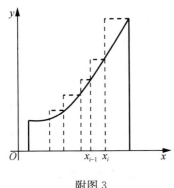

附图 3

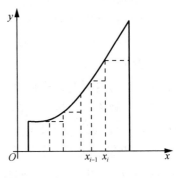

附图 4

2) 对许多常见集合而言,Jordan 不可测,这是 Jordan 测度的缺陷.

例如:设 $E_{有}$ 为 $[0, 1]$ 中的有理数全体,则 $E_{有}$ Jordan 不可测. 事实上,$(m^* E_{有})_J = 1$,$(m_* E_{有})_J = 0$,即 $(m^* E_{有})_J \neq (m_* E_{有})_J$,所以 $E_{有}$ Jordan 不可测. 同理,$(m^* E_{无})_J \neq (m_* E_{无})_J$,无理数集 $E_{无}$ 也 Jordan 不可测.

这一缺陷实际上是三种方法所共有的,原因在哪里? 三种方法有一共同点:试图将不规则集合分别用有限个规则集合之并"由外包向内挤压""由内填向外膨胀"的方式接近不规则集合的长度(面积、体积). 这将必然导致,如果 E 和 CE 同时在某区间 (a, b) 内稠密的子集,对 $(a, b) \cap E$ 而言,"由内填向外膨胀"结果为 0,"由外包向内挤压"结果为 $b - a > 0$,导致该集不可测.

其实,仅就 Jordan 外测度而言就足以发现欠理想之处. $(m^*[0, 1])_J = 1 \neq (m^* E_{无})_J + (m^* E_{有})_J = 2$,不满足可加性常识,即不满足各个击破所求外测度之和等于总外测度.

3) Lebesgue 对 Jordan 测度理论的继承与创新.

Lebesgue 针对这一缺陷,通过变有限为可数无限的方法,合理地改造了外测度(外包)定义,即设 $E \subset \mathbf{R}^n$,称 $\mathbf{R}^*$ 为非负广义实数 ($\mathbf{R} \cup \{\pm \infty\}$),$m^* E = \inf\{\sum_{i=1}^{\infty} |I_i| : E \subset \bigcup_{i=1}^{\infty} I_i$ 且 I_i 为开区间$\}$,为 E 的 Lebesgue 外测度.

按此方式定义的外测度满足所有可数集外测度为 0. 当然有理数集也不例外,

外测度为 0，无论内测度如何改造，都不会超过外测度，只能为 0，于是解决了有理数集可测的问题。

对无理数而言，同理可证改造后的外测度仍为 1。但遗憾的是，"变有限为可数无限"的良方治愈了外测度的"病"，却不对内测度的"症"，即使将"有限个互不相交的闭区间之并"相应更改为"可数无限个互不相交的闭区间之并"，无理数集内测度仍然是 0，即内、外测度依然不相等。只要余集 CE 在某区间内稠密，则每个内填区间体积只能为 0，从而 $(a,b) \cap E$ 内测度只能是 0。

其实，仅就 Jordan 内测度而言，同样足以发现欠理想之处。$(m_*[0,1])_J = 1 \neq (m_* E_{有})_J + (m_* E_{无})_J = 0$，不满足可加性常识，即不满足各个击破所求内测度之和等于总内测度，故必须改造内测度定义。

针对这一缺陷，Lebesgue 另辟蹊径，先针对存在有界区间 $I \supset E$ 的情形，按 $m_* E = |I| - m^*(I-E)$ 规定 E 的内测度，解决了无理数集等一大批集合的可测性问题。如果集合无界，则先分解成可数个测度有限集之并，然后各个击破。

Carathéodory 更是独具慧眼地发现 Lebesgue 规定的可测性条件 $m^* E = m_* E$ 其实质就是要求可测集合 E 对 $\forall I \supset E$，具有良好的分割性能：通过 E 自然分成满足可加性的内外两部分 $I \cap E$ 和 $I \cap E^c$ 时，外测度满足可加性，即

$$m^* I = |I| = m^*(I \cap E) + m^*(I \cap E^c)$$

于是，经进一步探讨发现 $I \supset E$ 这个限制条件可以去掉，即条件 $m^* E = m_* E$ 实质是要求 E 对任意集 T 都具有良好的分割性能：通过 E 将 T 自然分成两部分 $T \cap E$ 和 $T \cap E^c$，且外测度满足可加性，即

$$m^* E = m_* E \Leftrightarrow 对 \forall T \subset R^n$$

有

$$m^* T = m^*(T \cap E) + m^*(T \cap E^c)$$

(证明过程详见程其襄等编写的《实变函数与泛函分析基础》附录：可测集两个定义等价性的证明)，它为部分命题的证明和许多集合可测性的验证带来了很大方便。

至于本书中采用先规定"若开集 $G = \bigcup\limits_{i=1}^{\infty} I_i$，其中 I_i 为互不相交的左开右闭区间，则称 $|G| = \sum\limits_{i=1}^{\infty} |I_i|$ 为 G 的'体积'"，然后称

$$m^* E = \inf\{|G| \,|\, G 开，且 G \supseteq E\}$$

为 E 的 Lebesgue 外测度。没有实质性区别的等价外测度定义，仅仅是使定义更加直观，相应定理证明显得简单点而已。

Lebesgue 内测度是否完全抛弃了内填思想呢？如果再将本书外测度叙述形

式与 Lebesgue 内测度定义相互联系，就不难发现 $m^*(I-E)$ "对 $I-E$ 通过外包向内挤压"的过程，实际上也是"对 E 通过内填向外膨胀"的过程. 事实上，当有界闭区间 $I \supset E$ 时

$$m_*E = |I| - m^*(I-E) = |I| - \inf\{|G| \mid G \text{ 开}, \text{且 } G \supseteq I-E\}$$
$$= \sup\{|F| \mid F \text{ 闭}, \text{且 } F = I-G \subseteq E\}$$

即

$$m^*E = m_*E \Leftrightarrow \inf\{|G| \mid G \text{ 开}, \text{且 } G \supseteq E\}$$
$$= \sup\{|F| \mid F \text{ 闭}, \text{且 } F = I-G \subseteq E\}$$

这就突显了 Lebesgue 测度理论仍然是继承了 Jordan "通过外包向内挤压""通过内填向外膨胀"的思路，但作了实质性的改进. 在"通过外包向内挤压"时将"有限个区间之并包含 E"改为"开集包含 E"，在"通过内填向外膨胀"时将"有限个互不相交区间之并包含于 E"改为"闭集含于 E"，继承了内填外包思想，用"开集"包、用"闭集"填是实质性的创新. 其实，任何领域中的任何一项重大成就都是继承与创新的有机统一体.

4) 可测函数的多种定义方法及其自然性、合理性.

毫无疑问，我们期望所有的集合都是可测集，从而对所有函数都能规定新积分，遗憾的是仍然有不可测集存在.

既然"好事难全"，问题不可避免，那我们只好退而求其次. 在现有可测集合定义下，探索哪些函数满足对 $\forall y_{i-1}, y_i, E_i = E[y_i > f \geqslant y_{i-1}]$ 皆为可测集，就称这样的函数为可测函数. 于是"对 $\forall y_{i-1}, y_i, E_i = E[y_i > f \geqslant y_{i-1}]$ 可测，则 f 在 E 上可测"就是最自然的定义. 因为 $E_i = E[f \geqslant y_{i-1}] - E[f \geqslant y_i]$，所以人们常常选用形式更简洁的"对 $\forall a, E[f \geqslant a]$ 可测"作为定义.

经进一步研究发现：对究竟不等号中是否带等号、开口究竟是向左还是向右的问题，没有必要花精力去记忆. 因为 $E[f \geqslant a]$、$E[f > a]$、$E[f \leqslant a]$、$E[f < a]$ 可以通过至多可列次交、并余差运算结果形式相互表出，于是人们习惯用最简洁的"对 $\forall a, E[f > a]$ 可测"作为定义.

当然，每一个刻画可测函数本质特征的充分必要条件都可以作为可测函数的定义，且有各自的优越性.

例如，有的教材将"可表示成简单函数列几乎处处收敛的极限函数"定义为可测函数. 这一类定义提示我们，尽管可测函数类的范围比熟悉的连续函数、简单函数范围广泛得多，但仍然与这些函数有着密切的联系，只不过是在原有的熟悉范围内增添了几乎处处收敛下的极限运算结果而已，增添的目的就是确保极限

运算的封闭性.

又如，可测函数的另一本质特征"f 在 E 上可测 $\Leftrightarrow G_{(f^+,E)}$，$G_{(f^-,E)}$ 可测"，也可以充当积分定义，从形式上看，其优越性在于将通过 c 势各集合可测来判断函数可测的问题转化成了仅仅通过两个集合可测就足以判定函数是否可测，为采用通过简单函数、非负可测函数、可测函数循序渐进定义积分提供了明了、直观的途径和启迪思路.

其实在初等数学中许多新概念的引入，都是为了保证某种运算的封闭. 在自然数基础上增添 0 与负整数构成整数集是为了保证减法运算能够实施；在整数集基础上增添分数构成有理数集是为了保证除法能够实施；在有理数集基础上增添无理数构成实数集是为了保证极限运算能够实施.

为某种代数运算封闭而适当增添元素为成群、环、域是典型的近世代数思维方法，为某种极限运算封闭而完备化空间是典型的泛函分析思维方法. 这些抽象思维方法都在"数"集扩展过程中给予了示例.

附录 6　一般集合的抽象测度与抽象积分简介

这里的"一般"二字主要体现在：定义对象更具普遍性，不一定是 n 维空间的点集族也可以是一般集合族. 这里的"抽象"二字主要体现在：定义对象即使是 n 维空间的点集，其测度值也不一定具有像 Lebesgue 测度那样刚好是区间的长度、矩形的面积、长方体的体积. 我们之所以仍称之为测度，是因为它仍具有测度的非负性、空集零值性、可列可加性.

鉴于要求可测集之交、并、余、差运算结果仍为可测集，我们的规定对象一定是对交、并、余、差运算结果封闭的集合族.

定义 6.1　设 R 是非空集合 S 的一非空子集族，如果
1) 当 A、$B \in R$ 时，$A \cup B \in R$；
2) 当 A、$B \in R$ 时，$A - B \in R$；

则称 R 是 S 的子集构成的环或简称环. 若 $S \in R$，则称 R 为代数.

3) 如果对任意 $A_n \in R$，$n = 1, 2, \cdots$，有 $\bigcup\limits_{n=1}^{\infty} A_n \in R$，则称 R 是由 S 的子集构成的 σ-环. 若 $S \in R$，则称 R 为 σ-代数.

显然，如果全集 $S \in R$，则当 A、$B \in R$ 时，有 A^c、B^c、$A \cap B \in R$. 事实上，$A^c = S - A \in R$，同理 $B^c \in R$，$A \cap B = [A^c \cup B^c]^c \in R$.

定义 6.2　设 R 是 σ-环，μ 是定义在 R 上的广义（即允许函数值为 $+\infty$）集函

数，如果 μ 满足

1) 非负性：$\mu(E) \geqslant 0$；

2) 可列可加性：当 E_n 互不相交时，有 $\mu\left(\bigcup\limits_{n=1}^{\infty} E_n\right) = \sum\limits_{n=1}^{\infty} \mu E_n$；

则称 μ 是定义在 σ-环 R 上的测度.

由于 $\varnothing = \varnothing \cup \varnothing$，所以 $\mu(\varnothing) = 2\mu(\varnothing)$，即要么 $\mu(\varnothing) = +\infty$，要么 $\mu(\varnothing) = 0$；而 $\mu(\varnothing) = +\infty$ 时，对 $\forall A \in R$ 均有：$\mu(A) \equiv +\infty$，则该测度并无实际意义. 正因为如此，常见教材都作出了 $\mu(\varnothing) = 0$ 的限制，即要求测度还具有：

3) 空集 0 值性：$\mu(\varnothing) = 0$.

例 6.1 对任一 σ-环 R，对 $\forall A \in R$，令

$$\mu(A) = \begin{cases} +\infty & A \text{ 为无限子集} \\ \overline{\overline{A}} & A \text{ 为有限子集} \end{cases}$$

则 μ 是 R 上的测度，即传统的对集合元素个数计数也是一种测度.

例 6.2 设 Ω 是概率论中的样本空间，$P(A)$ 表示 Ω 中的任一事件 A 的概率，则 P 为定义在 Ω 上的测度.

概率作为测度有一重要特征，就是 $P(\Omega) = 1$，我们将类似的全集测度值为 1 的测度称为标准测度（或规范测度）.

一般说来，μ 开始只是对 S 的子集组成的环 R（不一定是 σ-环）上的非负有限可加函数，我们将它延拓到包含 R 的 σ-环上成为测度，如果该环是包含 R 的最小的 σ-环，则这种延拓是唯一的. 含 R 的最小 σ-环及其 μ 的延拓的存在唯一性的严格的证明过程均从略，在此仅将延拓方法简述如下：

第一步：对 $\forall E \subseteq S$ 规定外测度，$\mu^* E = \inf\left\{\sum\limits_{i=1}^{+\infty} |I_i| \,\Big|\, \bigcup\limits_{i=1}^{+\infty} I_i \supset E, I_i \in R\right\}$，并证明 μ^* 具有 Lebesgue 外测度类似的性质.

第二步：规定可测性，如果对 $\forall T \subseteq S$ 有 $\mu^* T = \mu^*(T \cap E) + \mu^*(T \cap E^C)$，则称 E 为 μ-可测集，并证明 μ 具有 Lebesgue 测度类似的性质.

第三步：与证明 Lebesgue 可测集的至多可数次交、并、余、差运算结果仍为 Lebesgue 可测集类似，证明 μ-可测集全体是一个包含 R 的 σ-环.

不难证明本书的外测度 $m^* E$ 与其他大部分教材规定的外测度

$$m^* E = \inf\left\{\sum_{i=1}^{+\infty} |I_i| \,\Big|\, \bigcup_{i=1}^{+\infty} I_i \supset E, I_i \text{ 为左开右闭区间}\right\}$$

或

$$m^*E = \inf\left\{\sum_{i=1}^{+\infty} |I_i| \,\Big|\, \bigcup_{i=1}^{+\infty} I_i \supset E,\ I_i \text{ 为开区间}\right\}$$

三者是完全等价的，也就是说 Lebesgue 测度实际上是直线上左开右闭区间全体生成的环上的非负有限可加集函数延拓而来的.

例 6.3 设 $g(x)$ 为 $\mathbf{R}^1$ 上的右连续的广义单调增函数，R 为左开右闭区间及其有限并组成的环. 对 $I = (a, b]$，令 $|I| = |(a, b]| = g(b^+) - g(a^+)$，对 $\forall E \subset \mathbf{R}^1$，规定 $\mu^*E = \inf\left\{\sum_{i=1}^{+\infty} |I_i| \,\Big|\, \bigcup_{i=1}^{+\infty} I_i \supset E,\ I_i \text{ 为左开右闭区间}\right\}$ 为 E 关于 $g(x)$ 的 Lebesgue–Stiejes 外测度.

当然也可以采用类似于教材中的方法：

"对 $I = (a, b]$ 规定 $|I| = |(a_i, b_i)| = g(b_i^-) - g(a_i^+)$ 为区间的体积，

对 $G = \bigcup_{i=1}^{\infty} (a_i, b_i)$ 规定 $|G| = \sum_{i=1}^{\infty} [g(b_i^-) - g(a_i^+)]$ 为开集的体积，

对 $\forall E \subset \mathbf{R}^1$，规定 $\mu^*E = \inf\{|G| \,|\, G \text{ 开}, \text{且 } G \supseteq E\}$"

从而殊途同归地获得 E 关于 $g(x)$ 的 Lebesgue–Stiejes 外测度.

同理可证：Lebesgue–Stiejes 外测度具有单调性、非负性、次可列可加性. 如果对 $\forall T$ 有 $\mu^*T = \mu^*(T \cap E) + \mu^*(T \cap E^c)$，则称 E 为 Lebesgue–Stiejes 可测集，简称 E 为 L-S 可测，并称 μ^*E 为 E 的 L-S 测度，简记为 μE. 仿照第三章第二节可以证明 Lebesgue–Stiejes 可测集全体组成的集族 R 是一个对至多可数次交、并、余、差运算封闭的系统，且满足可列可加性. Lebesgue–Stiejes 测度是 R 上满足定义 6.2 的测度，Lebesgue–Stiejes 外测度也可以类似地构造出 Lebesgue–Stiejes 不可测集. 其实，第二章中介绍的 Lebesgue 测度是 $g(x) = x$ 时特殊的 Lebesgue–Stiejes 测度.

值得注意的是，例 6.3 不仅给出了 Lebesgue–Stiejes 测度的例子，也以解剖"五脏俱全的小麻雀"方式展出了对一般集合族规定测度的方法.

无论何种测度，我们都可以在它的基础上建立与 Lebesgue 测度和 Lebesgue 积分完全平行的测度和积分理论. 设 μ 为 $\mathbf{R}^n$ 某个集族上的测度，f 是定义在 μ 可测集 E 上的函数. 若对 $\forall a$，$E[f \geqslant a]$ 为 μ 可测集，则称 f 为在 E 上的 μ 可测函数. 同理可证，f 在 E 上 μ 可测的充要条件是 $G_{(f,E)}$ 为 μ 可测集，且

$$(\mu)\int_E f^+ \mathrm{d}x = \mu G_{(f^+, E)},\quad (\mu)\int_E f^- \mathrm{d}x = \mu G_{(f^-, E)}$$

至少有一个有限，则称 $f(x)$ 在 E 上存在 μ 积分值，并规定 μ 积分值为

$$(\mu)\int_E f \mathrm{d}x = (\mu)\int_E f^+ \mathrm{d}x - (\mu)\int_E f^- \mathrm{d}x = \mu G_{(f^+, E)} - \mu G_{(f^-, E)}$$

如果 $-\infty < (\mu)\int_E f\mathrm{d}x < +\infty$，则称 f 在 E 上 μ 可积.

特别地，对于 $\mathbf{R}^1$ 上的右连续的广义单调增函数 $g(x)$ 导出的 Lebesgue - Stiejes 测度，我们可以定义相应的 Lebesgue - Stiejes 可测函数，$f(x)$ 关于 $g(x)$ 在 E 上的 Lebesgue - Stiejes 积分 $(\mathrm{L-S})\int_E f\mathrm{d}g(x)$，并讨论相应的一系列积分性质. 对有界变差函数 $\alpha(x)$，根据 Jordan 分解定理 $\alpha(x) = g_1(x) - g_2(x)$，其中 $g_1(x)$、$g_2(x)$ 单调增，从而可以规定

$$(\mathrm{L-S})\int_E f(x)\mathrm{d}\alpha(x) = (\mathrm{L-S})\int_E f(x)\mathrm{d}g_1(x) - (\mathrm{L-S})\int_E f(x)\mathrm{d}g_2(x)$$

为 $f(x)$ 在 $[a, b]$ 上关于 $\alpha(x)$ 的 Lebesgue - Stiejes 积分.

显然，第三章定义的 Lebesgue 积分就是当有界变差函数 $\alpha(x) = x$ 时的特殊 Lebesgue - Stiejes 积分.

对于 $[a, b]$ 上定义的有限函数 $f(x)$、$g(x)$，我们可仿 Riemann 积分定义对任意一分划 $T: a = x_0 < x_1 < x_2 < \cdots < x_n = b$ 作 Stiejes 和数

$$\sum_{i=1}^n f(\xi_i)[g(x_i) - g(x_{i-1})], \quad \xi_i \in [x_{i-1}, x_i]$$

如果当 $\delta(T) \to 0$ 时，该和数总趋于一确定的有限极限，则称 $f(x)$ 在 $[a, b]$ 上关于 $g(x)$ 为 Riemann - Stiejes 可积的，并称此极限为 $f(x)$ 在 $[a, b]$ 上关于 $g(x)$ 的 Riemann - Stiejes 积分，且记为 $(\mathrm{R-S})\int_a^b f(x)\mathrm{d}g(x)$.

不难仿照 Riemann 积分证明，当 $f(x)$、$g(x)$ 分别为 $[a, b]$ 上连续、单调增函数时，$f(x)$ 在 $[a, b]$ 上关于 $g(x)$ 的 Riemann - Stiejes 积分 $(\mathrm{R-S})\int_a^b f(x)\mathrm{d}g(x)$ 存在，进而对有界变差函数 $\alpha(x) = g_1(x) - g_2(x)$ 有

$$(\mathrm{R-S})\int_a^b f(x)\mathrm{d}\alpha(x) = (\mathrm{R-S})\int_a^b f(x)\mathrm{d}g_1(x) - (\mathrm{R-S})\int_a^b f(x)\mathrm{d}g_2(x) \text{ 存在}$$

当然也可以利用单调增函数 $g(x)$ 直接导出平面上的 Jordan - Stiejes 测度，并相应规定图像与 X 轴所夹图形的 Jordan - Stiejes 测度的代数和为 Riemann - Stiejes 积分.

参 考 文 献

曹广福,2000. 实变函数论 [M]. 北京:高等教育出版社.
程其襄,张奠宙,魏国强,等,1983. 实变函数与泛函分析基础 [M]. 北京:高等教育出版社.
江泽坚,吴智泉,1961. 实变函数论 [M]. 北京:人民教育出版社.
邵国年,2002. 实变函数与泛函分析基础教程 [M]. 北京:科学出版社.
王学沛,邓鹏,魏勇,2008. 几种数学观下的数学教学 [J]. 课程·教材·教法,(2):53-47.
魏勇,2000. 让学生在学习实变函数过程中体会数学的创新方法 [J]. 数学教育学报,9(2):19-24.
魏勇,2001. Lebesgue 测度与 Lebesgue 积分的简化定义 [J]. 四川师范学院学报,9(3):298-300.
魏勇,2009. 可测函数的新定义及其优越性 [J]. 高等数学研究,(1):31-34.
魏勇,2009. R^n 中开集、闭集的新表述及其特点 [J]. 西华师范大学学报,(4):351-353.
魏勇,2011. 依据"模式的科学"原则把握数学概念与方法 [J]. 新课程,(8):63-65.
魏勇,2012. 浅谈绪论与复习课教学对学生创新思维的培养:以数学专业《实变函数论》课程教学为例 [J]. 大学数学,28(5):154-158.
魏勇,王学沛,2011. "形"与"意"的有机结合是教材编写者与讲授者的职责 [J]. 新课程研究(教师教育),(10):26-28.
魏勇,张步林,2011. Riesz 定理之逆定理及其应用 [J]. 内蒙古师范大学学报(自然科学版),40(5):477-479.
魏勇,张步林,2012. 测度无限集上叶果洛夫定理成立的充分必要条件及应用 [J]. 西华师范大学学报(自然科学版),37(3):286-289.
魏勇,张步林,2012. 从新视角看 Lebesgue 积分与 Riemann 积分的关系 [J]. 西南师范大学学报(自然科学版),37(10):6-9.
夏道行,吴卓人,严绍宗,等,1978. 实变函数论与泛函分析(上册) [M]. 北京:高等教育出版社.
薛昌兴,1993. 实变函数与泛函分析(上册) [M]. 北京:高等教育出版社.
叶明露,2012. 集列的上(下)极限与其子列的上(下)极限的关系及应用 [J]. 西华师范大学学报(自然科学版),37(4):403-406.
叶明露,陈家欣,2019. 笛卡尔型集的上(下)极限的计算及应用 [J]. 西华师范大学学报(自然科学版),40(3):252-256.
赵静辉,徐吉华,1996. 实变函数简明教程 [M]. 武汉:华中理工大学出版社.
郑维行,王声望,1980. 实变函数与泛函分析概要(上册) [M]. 北京:高等教育出版社.
周民强,1985. 实变函数 [M]. 北京:北京大学出版社.
И. П. НАТНСОН,1953. 实变函数论 [M]. 徐瑞云,译. 北京:商务印书馆.
KLAMBAUER G,1973. Real Analysis [M]. New York:American Elsevier Publishing Co.,inc..